电力变压器故障诊断技术

内蒙古电力（集团）有限责任公司内蒙古电力科学研究院分公司　组织编写

郭红兵　杨玥　郑璐　主编

中国水利水电出版社
www.waterpub.com.cn
·北京·

内 容 提 要

本书在阐述电力变压器基本工作原理的基础上，对电力变压器常见的过热故障、绝缘故障、短路故障的相关基础知识、故障起因、故障特征以及电力变压器状态评估与故障诊断方法进行了详细介绍，并结合实际案例，介绍了电力变压器现场状态评估与故障诊断方法。

本书理论联系实际，既对电力变压器基本工作原理与典型故障基础知识进行了介绍，又结合10余起典型案例对电力变压器现场状态评估与故障诊断过程进行了剖析，可供电力变压器运维人员及相关专业技术管理人员阅读，也可供大专院校相关专业师生参考。

图书在版编目（CIP）数据

电力变压器故障诊断技术 / 郭红兵，杨玥，郑璐主编；内蒙古电力（集团）有限责任公司内蒙古电力科学研究院分公司组织编写. -- 北京 : 中国水利水电出版社，2022.6
ISBN 978-7-5226-0715-3

Ⅰ. ①电… Ⅱ. ①郭… ②杨… ③郑… ④内… Ⅲ. ①电力变压器－故障诊断 Ⅳ. ①TB4

中国版本图书馆CIP数据核字(2022)第085589号

书　　名	电力变压器故障诊断技术 DIANLI BIANYAQI GUZHANG ZHENDUAN JISHU
作　　者	内蒙古电力（集团）有限责任公司 内蒙古电力科学研究院分公司　组织编写 郭红兵　杨玥　郑璐　主编
出版发行	中国水利水电出版社 （北京市海淀区玉渊潭南路1号D座　100038） 网址：www.waterpub.com.cn E-mail：sales@mwr.gov.cn 电话：（010）68545888（营销中心）
经　　售	北京科水图书销售有限公司 电话：（010）68545874、63202643 全国各地新华书店和相关出版物销售网点
排　　版	中国水利水电出版社微机排版中心
印　　刷	天津嘉恒印务有限公司
规　　格	184mm×260mm　16开本　10.25印张　249千字
版　　次	2022年6月第1版　2022年6月第1次印刷
印　　数	0001—2000册
定　　价	**98.00**元

《电力变压器故障诊断技术》编委会

主编　郭红兵　杨　玥　郑　璐

参编　张建英　赵夏瑶　孟建英　朱景程
荀　华　寇　正　樊子铭　褚文超
李继强　李哲君　姜　涛　张　艳

主审　杨　军　付文光

前言

电力变压器是电能传输的关键设备之一。变压器故障往往导致电能传输的中断，其能否可靠运行，直接关系到能否对用户可靠供电。如何在运行中对其运行可靠性进行客观评估，减少不必要的例行停电，以及如何在异常的情况下快速准确地诊断故障，保障及时恢复供电，一直是电力工作者长期以来的努力方向。

本书面向电力变压器状态评估与故障诊断，对其基本工作原理、典型故障起因与故障特征、现场状态评估与故障诊断方法进行了阐述，并结合10余起实际案例，对状态评估与故障诊断过程进行了详细介绍。

本书介绍了基于健康指数的电力变压器状态评估方法，较好地解决了目前基于阈值判断变压器状态评估模式往往存在数据完整度与评估结果负相关的问题。本书介绍了基于故障风险的电力变压器状态评估方法，尝试建立了变压器状态评估结果与其故障率之间的关系，较好地解决了目前基于扣分制的变压器状态评估结果与实际变压器检修策略结合不紧密的问题，为后续电力系统开展电力变压器基于可靠性的维修提供了有益探索。对变压器典型故障尤其是绕组变形故障与其可测状态量之间的关系进行了详尽分析，提出综合应用各状态量之间关系提高绕组变形判断准确性的方法，较好地解决了目前电力变压器现场故障诊断过程中存在的僵化套用相关规程规范的限值要求，不对试验数据进行甄别与综合分析造成误判的问题；较好地解决了对现行规程规范未明确规定限值的试验数据，无视其已发生显著改变，从而造成漏判的问题。

希望读者通过阅读本书，提升对电力变压器试验数据进行综合分析的能力，进而提升电力变压器故障诊断水平。

由于作者水平有限，书中难免会有疏漏和不妥之处，敬请广大读者批评、指正。

作者

2022年1月

目录

前言

第1章 电力变压器基础理论

1.1 概　　述

按照《电力变压器　第1部分：总则》（GB 1094.1）的规定，电力变压器为具有两个或两个以上绕组的静止设备，为了传输电能，在同一频率下，通过电磁感应将一个系统的交流电压和电流转换为另一个系统的交流电压和电流，通常这些电流和电压的值是不同的。

1.2 电力变压器基本原理

在一个由相互绝缘的硅钢片叠成的闭合铁芯柱上套上两个相互绝缘的绕组，即构成最简单的单相双绕组变压器，如图1.1所示。出于漏电抗和附加损耗控制方面的考虑，在实际应用中，电力变压器电压等级不同的同相绕组通常同心套装于同一个铁芯柱，只有在需要工作于高短路电抗的情况下，如动圈式电弧焊变压器，才采用类似图1.1所示的结构。

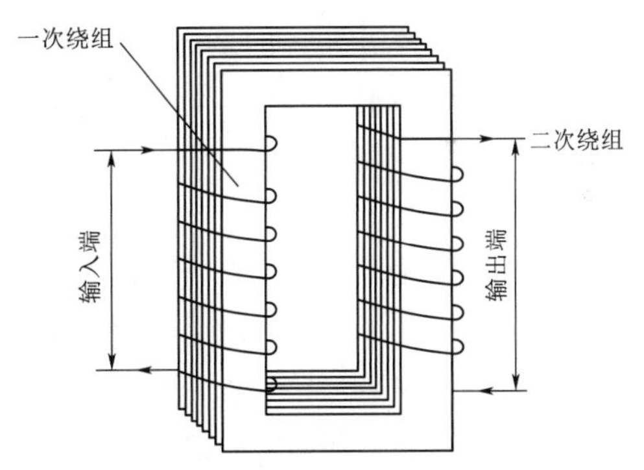

图1.1　单相双绕组变压器基本原理

如图1.1所示，在一个绕组的两端施加某一频率的交流电压，在该绕组中将流过一个交流电流。在这个交流电流的作用下，铁芯中将产生一个交变磁通，而这个交变磁通将在两个绕组中感应出交流电压来，即感应电压。通常接电源的绕组叫作一次绕组，接负载的绕组叫作二次绕组。

1.3 各物理量之间的相位关系

在变压器电路图和其等效电路图中，电压和电流空间正方向标定为由高电位指向低电位的方向，与表示各相量之间时间相位关系相量图箭头含义完全不同。

由于在负载中电压的空间正方向和电流的空间正方向相同，所以绕组的电阻电压与电流同相位，而绕组的电抗电压则超前于电流90°。

主磁通与产生它的励磁电流同相位，而该磁通在绕组中产生的感应电压即为绕组流过励磁电流时所产生的电抗电压。因此，绕组的感应电压超前于励磁电流90°，也超前于磁通90°。

1.4 变压器空载运行

变压器的一次绕组接上电源、二次绕组开路时的工作状态为空载运行。图1.2所示为单相双绕组变压器空载运行电路图，图中标出了各物理量的空间正方向。

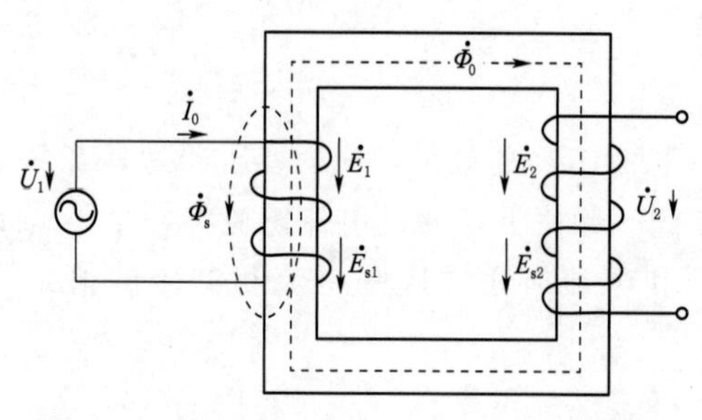

图1.2 单相双绕组变压器空载运行电路图

空载运行时，一次绕组中将流过一个很小的电流$\dot{I}_0$，该电流通常称为空载电流。空载电流包括有功和无功两个分量。无功分量$\dot{I}_m$也叫励磁电流，它使铁芯励磁，在铁芯中产生磁通$\dot{\Phi}_0$；有功分量$\dot{I}_\mu$也叫铁损电流，提供铁芯损耗。此外，空载电流$\dot{I}_0$流过一次绕组时还在该绕组中产生损耗，并在一次、二次绕组所占空间及其周围产生空载漏磁通$\dot{\Phi}_s$。主磁通$\dot{\Phi}_0$是由励磁电流$\dot{I}_m$所产生的，它沿铁磁介质（铁芯）而闭合。因为铁磁介质的磁导率很高（在正常的工作磁密下，相对磁导率μ_r可达10000以上），所以主磁通$\dot{\Phi}_0$很大。主磁通与一次、二次绕组的全部线匝相交链，并在一次、二次绕组中产生感应电压。根据法拉第电磁感应定律，可以得到以下公式：

$$\dot{E}=\mathrm{j}\frac{2\pi f}{\sqrt{2}}W\dot{\Phi}_m \tag{1-1}$$

式中 $\dot{E}$——绕组感应电压（有效值）；

f——电源频率；

W——绕组匝数；

$\dot{\Phi}_m$——铁芯主磁通（峰值）。

式（1-1）适用于一次、二次绕组。

空载漏磁通$\dot{\Phi}_s$是由空载电流$\dot{I}_0$所产生的，它的流通路径绝大部分是绕组所占空间及其周围非铁磁介质（相对磁导率μ_r通常为1左右）。因非铁磁介质磁导率很低，所以与空载主磁通相比，空载漏磁通$\dot{\Phi}_s$很小，但同样在一次、二次绕组中感应出空载漏抗电压$\dot{E}_s$，$\dot{E}_s$的表达式为

$$\dot{E}_s=\mathrm{j}\dot{I}_0X_s \tag{1-2}$$

式中 $\dot{E}_s$——绕组空载漏抗电压；

$\dot{I}_0$——空载电流；

X_s——绕组空载漏电抗。

如图 1.2 所示，假定在某一瞬时一次绕组上端电位高于下端电位，那么一次电压 $\dot{U}_1$ 和一次感应电压 $\dot{E}_1$ 的方向均由上向下。由于在该电路图中一次、二次绕组的绕向相同，所以二次电压 $\dot{U}_2$ 和二次感应电压 $\dot{E}_2$ 的方向也是由上向下。按照右手定则，铁芯主磁通 $\dot{\Phi}_0$ 方向在绕组内部由下向上。同理，空载漏磁通 $\dot{\Phi}_s$ 的方向在绕组所占的空间内也是由下向上。空载漏磁通 $\dot{\Phi}_s$ 在一次绕组中所感应的空载漏抗电压 $\dot{E}_{s1}$，可以看作是空载电流 $\dot{I}_0$ 在一次绕组的空载漏电抗上所产生的电抗电压，它的方向与空载电流 $\dot{I}_0$ 的方向完全相同，也是由上向下。同理，二次空载漏抗电压 $\dot{E}_{s2}$ 的方向也是由上向下。

根据基尔霍夫第二定律，并结合图 1.2 所示的各物理量的方向，可以分别写出空载运行时变压器一次、二次电路的电压方程式：

$$\dot{U}_1=\dot{E}_1+\dot{E}_{s1}+\dot{I}_0R_1=\dot{E}_1+\mathrm{j}\dot{I}_0X_{s1}+\dot{I}_0R_1 \tag{1-3}$$

$$\dot{U}_2=\dot{E}_2+E_{s2}=\dot{E}_2+\mathrm{j}\dot{I}_0X_{s2} \tag{1-4}$$

式中 $\dot{U}_1$、$\dot{U}_2$——一次、二次绕组的端电压；

$\dot{E}_1$、$\dot{E}_2$——一次、二次绕组的感应电压；

$\dot{E}_{s1}$、$\dot{E}_{s2}$——一次、二次绕组的空载漏抗电压；

$\dot{I}_0$——空载电流；

$\dot{X}_{s1}$、$\dot{X}_{s2}$——一次、二次绕组的空载漏电抗；

R_1——一次绕组的电阻。

式（1-3）表明，空载运行时一次绕组的端电压即外施电压 $\dot{U}_1$ 等于一次绕组的感应电压 $\dot{E}_1$、空载漏抗电压 $\dot{E}_{s1}$ 和电阻电压 $\dot{I}_0R_1$ 之相量和。

式（1-4）表明，空载运行时二次绕组的端电压 $\dot{U}_2$ 等于二次绕组的感应电压 $\dot{E}_2$ 和空载漏抗电压 $\dot{E}_{s2}$ 的相量和。

下面讨论变压器空载运行时各物理量之间的相位关系。

铁芯主磁通 $\dot{\Phi}_0$ 与产生它的励磁电流 $\dot{I}_m$ 同相位；空载漏磁通 $\dot{\Phi}_s$ 与产生它的空载电流 $\dot{I}_0$ 同相位；一次、二次绕组的感应电压 $\dot{E}_1$、$\dot{E}_2$ 超前于主磁通 $\dot{\Phi}_0 90°$；一次、二次绕组的空载漏抗电压 $\dot{E}_{s1}$、$\dot{E}_{s2}$ 超前于空载电流 $\dot{I}_0 90°$；一次绕组的电阻电压 $\dot{I}_0R_1$ 与空载电流 $\dot{I}_0$ 同相位；产生铁芯损耗的铁损电流 $\dot{I}_\mu$ 与一次绕组的感应电压 $\dot{E}_1$ 同相位，即超前主磁通 $\dot{\Phi}_0 90°$。

根据以上分析，可以绘出空载运行时变压器各物理量的相量图，图 1.3 所示为空载运行相量图，图 1.4 所示为简化后的空载运行相量图，图中 $\dot{I}_0$ 与 $\dot{\Phi}_0$ 的夹角 θ 通常称为铁耗角，φ_0 为相量 $\dot{U}_1$ 与 $\dot{I}_0$ 之间的夹角。

同理，根据简化后的空载运行相量图，式（1-3）和式（1-4）可以分别化简为

$$\dot{U}_1=\dot{E}_1+\dot{I}_0R_1 \tag{1-5}$$

$$\dot{U}_2=\dot{E}_2 \tag{1-6}$$

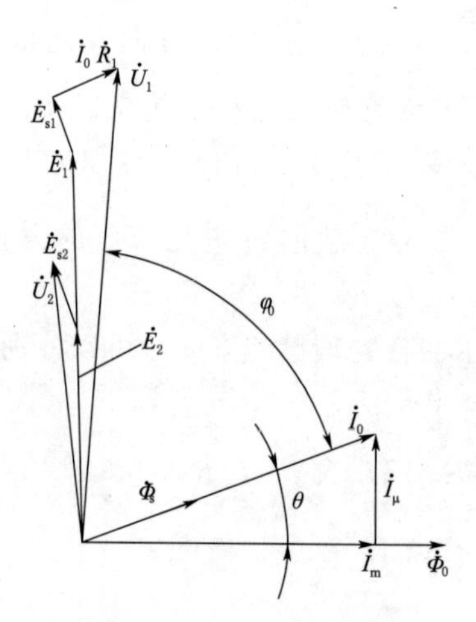

图1.3　空载运行相量图

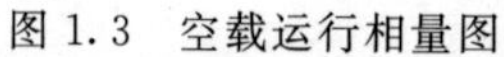

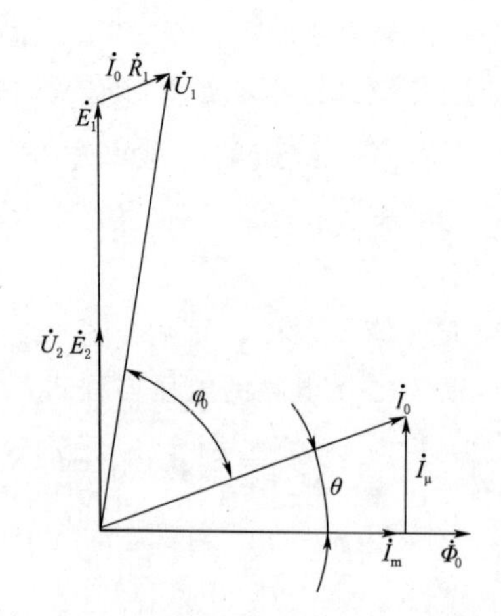

图1.4　简化后的空载运行相量图

1.5　空载损耗的物理意义

相量 $\dot{U}_1$ 与 $\dot{I}_0$ 之间的夹角 φ_0 是变压器空载运行的功率因数角。空载时变压器从电源所汲取的能量 P_0 为

$$P_0=U_1I_0\cos\varphi_0 \tag{1-7}$$

该能量全部为铁芯和一次绕组的损耗。

变压器在额定电压下空载运行的损耗 P_0 称为变压器的空载损耗。额定电压下的空载电流 $\dot{I}_0$ 和空载损耗 P_0 是变压器的两个重要参数。由于在空载运行时，一次绕组的损耗很小，所以空载损耗可以基本上反映铁芯损耗。

1.6　绕组匝电压的物理意义

由式（1-1）可知，一次、二次绕组的感应电压正比于绕组的匝数。由于一次绕组的电阻电压 $\dot{I}_0R_1$ 很小，所以在工程上通常忽略不计。在这种情况下，一次、二次绕组的端电压之比可以认为等于感应电压之比，可得

$$\frac{\dot{U}_1}{\dot{U}_2}=\frac{\dot{E}_1}{\dot{E}_2}=\frac{W_1}{W_2}=K \tag{1-8}$$

值得注意的是，如果 $K>1$，变比为 K；如果 $K<1$，变比则为 $1/K$。

根据式（1-1），可以求出绕组的每匝电压，即

$$e_t=\frac{U}{W}=\frac{E}{W}=4.44f\Phi_m=4.44fB_mA \tag{1-9}$$

式中 e_t——绕组每匝电压（有效值）；

B_m——铁芯磁密（峰值）；

A——铁芯有效截面积。

在变压器电磁设计过程中，铁芯磁密的选择取决于铁芯材质和变压器运行工况。对于冷轧硅钢片，通常 $B_m<1.73T$；而对于热轧硅钢片，通常 $B_m<1.5T$。式（1-9）在变压器绕组状态评估与诊断中经常会用到。对于 50Hz 的电压频率，式（1-9）可简化为

$$e_t=\frac{B_mA}{45} \tag{1-10}$$

注意：式中 A 的单位为 cm^2。

1.7 负载运行

变压器的一次绕组接上电源、二次绕组接上某一负载的工作状态称为负载运行。图 1.5 所示为单相双绕组变压器负载运行电路图，图中标出了各物理量的空间正方向。负载运行是变压器的主要运行方式，只有在负载下运行，变压器才能起到传输电能的作用。

负载运行时，二次绕组也有电流通过。按照楞次定律，它将使产生它的磁通去磁。但是实际上该磁通并没有减少，因为在二次电流出现的同时，在一次绕组里又产生了一个补偿二次电流的电流，致使该磁通维持不变，从而使该磁通在一次、二次绕组里所感应的电压维持不变。

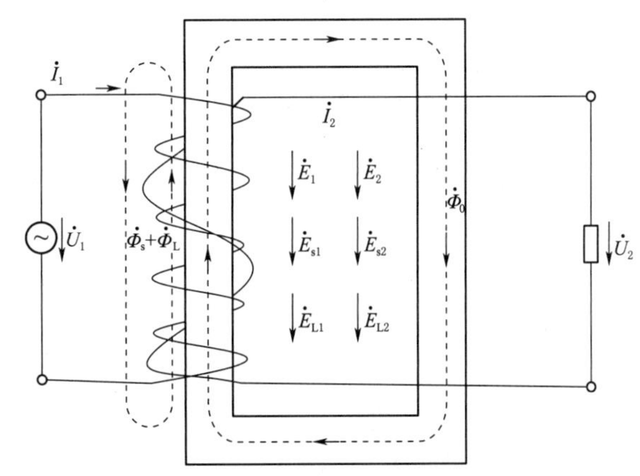

图 1.5 单相双绕组变压器负载运行电路图

图 1.5 所示的负载运行电路图与图 1.2 所示的空载运行电路图基本相同。因此，一次、二次端电压 $\dot{U}_1$、$\dot{U}_2$，一次、二次感应电压 $\dot{E}_1$、$\dot{E}_2$，一次、二次空载漏抗电压 $\dot{E}_{s1}$、$\dot{E}_{s2}$，铁芯主磁通 $\dot{\Phi}_0$，以及空载漏磁通 $\dot{\Phi}_s$ 的方向与图 1.2 中方向完全相同。

由于在一次电路中，一次绕组是负载，所以一次电流 $\dot{I}_1$ 的方向与电压方向相同，也是由一次绕组上端流向下端。而在二次电路中，二次绕组是电源，所以二次电流 $\dot{I}_2$ 的方向与电压方向相反，是由二次绕组下端流向上端。

如果一次、二次绕组的绕向相反，那么二次绕组端电压 $\dot{U}_2$、二次感应电压 $\dot{E}_2$、二次空载漏抗电压 $\dot{E}_{s2}$ 以及二次绕组电流 $\dot{I}_2$ 的方向将与前述方向相反。

绕组磁势是绕组电流相量与绕组匝数标量相乘的结果，也是一个相量，它的相位不仅取决于绕组电流的相位，还取决于绕组的绕向和电流流过绕组的方向。磁势的相位与它所产生的磁通相位相同。如果有两个绕向相同的绕组，同时由上至下或由下至上流过相位相同的电流，那么它们所产生的磁通无论在空间方向上还是在时间相位上均完全相同。我们说这两个绕组的磁势同相位，且均与它们所产生的磁通同相位。

若两个绕组绕向相同，流过的电流在时间相位上也相同，它们所产生的磁通在时间和空间相位均相同；若两个绕组的绕向相反，但流过绕组的方向相同，或者流过两个绕组的电流方向相反，那么它们所产生的磁通虽然在时间相位上相同，但在空间方向上却相反。因此，可以把在空间方向上相反而在时间相位上相同的两个磁通看作是在空间方向上相同但在时间相位上相反的两个磁通。在这种情况下，虽然这两个绕组电流的空间相位相同，但是这两个电流在各自的绕组中流过电流时所产生的磁通在时间相位上相反，因此这两个绕组的磁势在时间相位上也相反。如果将其中一个绕组磁势的相位取作与该绕组电流的相位相同，那么另一个绕组磁势的相位将与该绕组电流的相位相反。

若取一次绕组磁势相量 $\dot{F}_1$ 的相位与一次电流 $\dot{I}_1$ 的相位相同，即 $\dot{F}_1=\dot{I}_1W_1$，那么二次绕组磁势相量 $\dot{F}_2$ 的相位则与电流 $\dot{I}_2$ 相位相反，即 $\dot{F}_2=-\dot{I}_2W_2$。一次、二次绕组磁势的相量和 $\dot{F}_1+\dot{F}_2$ 是产生铁芯主磁通 $\dot{\Phi}_0$ 及空载漏磁 $\dot{\Phi}_s$ 通的空载磁势 $\dot{F}_0$，即

$$\dot{F}_1+\dot{F}_2=\dot{F}_0 \tag{1-11}$$

或者

$$\dot{I}_1W_1-\dot{I}_2W_2=\dot{I}_0W_1 \tag{1-12}$$

式（1-12）通常称为磁势平衡定律，可以化简成为

$$\dot{I}_1W_1=\dot{I}_1'W_1+\dot{I}_0W_1 \tag{1-13}$$

而

$$\dot{I}_1'W_1=\dot{I}_2W_2$$

$$\dot{I}_1'=\dot{I}_2\frac{W_2}{W_1} \tag{1-14}$$

$\dot{I}_1'$ 为一次电流的负载分量，而 $\dot{I}_0$ 为一次电流的空载分量。式（1-13）表明，一次绕组的磁势 $\dot{I}_1W_1$ 包括两个分量，一个为空载分量 $\dot{I}_0W_1$，另一个是负载分量 $\dot{I}'_1W_1$。一次绕组的负载磁势 $\dot{I}'_1W_1$ 与二次绕组的磁势 $-\dot{I}_2W_2$ 在量值上相等，但在相位上却相反，所以它们是互相平衡的。这两个互相平衡的磁势不可能产生与一次、二次绕组全部线匝相交链的磁通，仅产生与一次、二次绕组线匝不同程度交链的磁通，这个磁通称为负载漏磁通，以区别于由一次空载磁势 $\dot{I}_0W_1$ 所产生的空载漏磁通及一次空载磁势 $\dot{I}_0W_1$ 的励磁分量 $\dot{I}_mW_1$ 所产生的铁芯主磁通。在忽略空载漏磁通的情况下，负载漏磁通可以简称为漏磁通。负载漏磁通是变压器的一个重要参数，对变压器的技术经济指标影响极大。图 1.6 所示负载运行时负载漏磁通的分布，由该图不难看出，一次、二次绕组彼此排列得越紧凑，负载漏磁通 $\dot{\Phi}_L$ 越小。这也是变压器同相绕组排列在同一铁芯柱上且往往同心放置的重要

原因。

由此可见，负载漏磁通 $\dot{\Phi}_L$ 是由彼此互相平衡的磁势 $\dot{I}'_1W_1$ 和 $-\dot{I}_2W_2$ 共同产生的，由于互相平衡，故其相量和等于零。

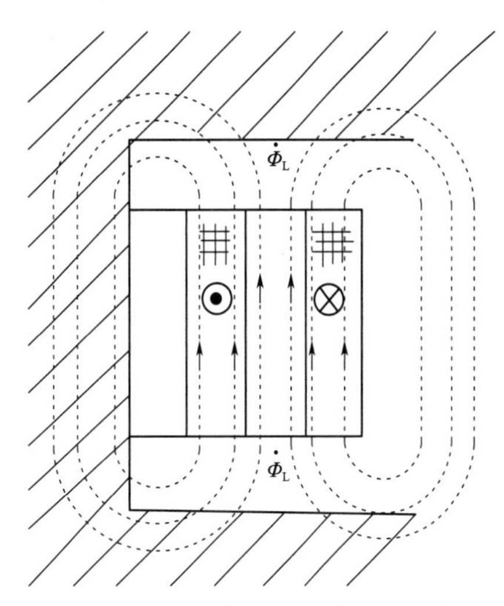

图 1.6 负载运行时的负载漏磁通分布

负载漏磁通 $\dot{\Phi}_L$ 在一次、二次绕组中分别感应出负载漏抗电压 $\dot{E}_{L1}$、$\dot{E}_{L2}$，它们同相位，且超前漏磁通 $\dot{\Phi}_L 90°$，即超前一次电流的负载分量 $\dot{I}'_1 90°$，也超前二次电流 $\dot{I}_2 90°$。根据部分电路欧姆定律，可以写出：

$$\dot{E}_L = \mathrm{j}\dot{I}X \tag{1-15}$$

式中 $\dot{E}_L$——绕组的负载漏抗电压；

$\dot{I}$——绕组的负载电流；

X——绕组的负载漏电抗。

式（1－15）对一次、二次绕组都是完全成立的。

根据基尔霍夫第二定律，并结合图 1.6 所示的物理量的正方向，可以分别写出负载运行时变压器一次、二次电路的电压方程式，即

$$\dot{U}_1 = \dot{E}_1 + \dot{E}_{s1} + \dot{E}_{L1} + \dot{I}_1R_1 = \dot{E}_1 + \mathrm{j}\dot{I}_0X_{s1} + \mathrm{j}\dot{I}'_1X_1 + \dot{I}_1R_1 \tag{1-16}$$

$$\dot{U}_2 = \dot{E}_2 + \dot{E}_{s2} - \dot{E}_{L2} - \dot{I}_2R_2 = \dot{E}_2 + \mathrm{j}\dot{I}_0X_{s2} - \mathrm{j}\dot{I}_2X_2 - \dot{I}_2R_2 \tag{1-17}$$

式中 $\dot{E}_{L1}$、$\dot{E}_{L2}$——一次、二次绕组的负载漏抗电压；

X_1、X_2——一次、二次绕组的负载电抗；

$\dot{I}'_1$——一次电流负载分量；

R_1、R_2——一次、二次绕组的电阻。

式（1－16）、式（1－17）中，电流在阻抗上所产生的电压前的符号，取决于电流和电压的空间方向。电流和电压的空间方向相同时取正号，否则取负号。

式（1－16）表明，负载运行时，一次绕组的端电压 $\dot{U}_1$ 等于一次绕组的感应电压 $\dot{E}_1$、空载漏抗电压 $\dot{E}_{s1}$、负载漏抗电压 $\dot{E}_{L1}$ 及电阻电压 $\dot{I}_1R_1$ 之相量和。

式（1－17）表明，负载运行时，二次绕组的端电压 $\dot{U}_2$ 等于二次绕组的感应电压 $\dot{E}_2$ 加上空载漏抗电压 $\dot{E}_{s2}$、减去负载漏抗电压 $\dot{E}_{L2}$、再减去电阻电压 $\dot{I}_2R_2$ 的相量和。

根据以上分析，可以绘出负载运行时变压器各电磁参量的相量图，如图 1.7 所示。图 1.7 中（a）、（b）、（c）分别表示二次负载为电感性、电阻性和电容性时的负载运行相量图，相量图中的 φ_1 和 φ_2 分别表示一次、二次电路的功率因数角。通常变压器多为电感性的负载。

由图 1.7 可以明显看出，由于空载电流的存在，一次电流总是滞后于二次电流的，所以 $\dot{I}_1R_1$ 与计 $\mathrm{j}\dot{I}'_1X_1$ 之间的夹角小于 90°。在电感性负载下，一次侧的端电压高于感应电

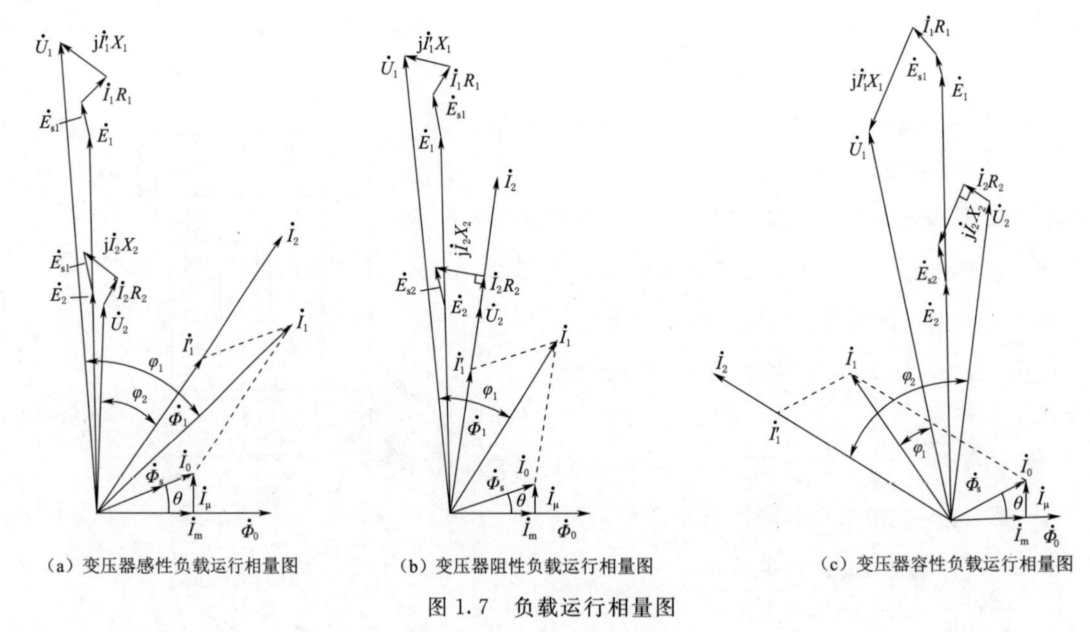

（a）变压器感性负载运行相量图　（b）变压器阻性负载运行相量图　（c）变压器容性负载运行相量图

图 1.7　负载运行相量图

压，二次侧的端电压低于感应电压。由于绕组漏电抗的存在，致使一次侧的功率因数低于二次侧的功率因数。在电容性负载下，通常一次侧的端电压低于感应电压，而二次侧的端电压高于感应电压。

在忽略空载漏磁通的情况下，图 1.7 所示变压器负载运行相量可简化为图 1.8 所示相量图。

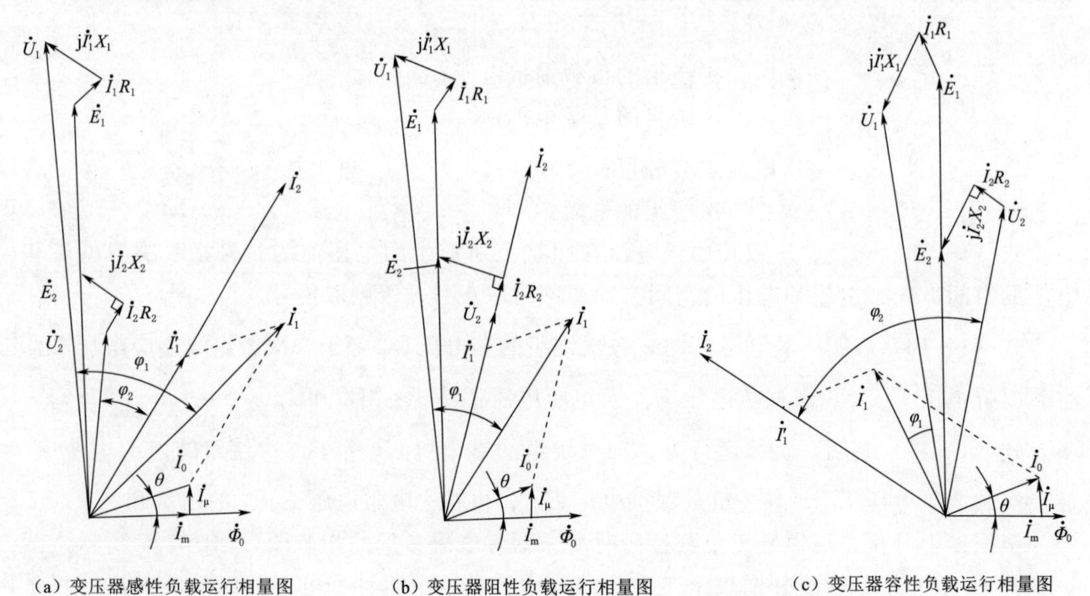

（a）变压器感性负载运行相量图　（b）变压器阻性负载运行相量图　（c）变压器容性负载运行相量图

图 1.8　忽略空载磁通的变压器负载运行相量图

在忽略空载漏磁通的情况下，变压器一次、二次电路的电压方程式可以简化成下列形式：

$$\dot{U}_1=\dot{E}_1+\mathrm{j}\dot{I}'_1X_1+\dot{I}_1R_1 \tag{1-18}$$

$$\dot{U}_2=\dot{E}_2-\mathrm{j}\dot{I}_2X_2-\dot{I}_2R_2 \tag{1-19}$$

变压器一次绕组从电源吸取的能量 $U_1I_1\cos\varphi_1$ 除补偿铁芯损耗 $E_0I_1\sin\theta$、绕组电阻损耗及各种附加损耗外，其余部分 $U_2I_2\cos\varphi_2$ 则由二次绕组传输到二次电路中。消耗在变压器内的各种损耗均转变成热能而散发掉，大型电力变压器效率通常在 99.5%以上。

1.8 短 路 运 行

变压器一次绕组接上电源、二次绕组短路时的工作状态称为短路运行。图 1.9 所示为单相双绕组变压器短路运行电路图，图中标出了各物理量的空间正方向。短路运行是变压器二次负载阻抗等于零时的负载运行。为了避免电流过大而烧毁变压器，变压器在短路运行时必须降低一次电压，以确保绕组电流不超过额定值。通过试验确定变压器负载损耗、短路电抗等关键技术参数，以及用短路损耗产生的热量进行变压器绝缘干燥时，均需要变压器工作在短路状态，因此有必要了解其基本运行原理。

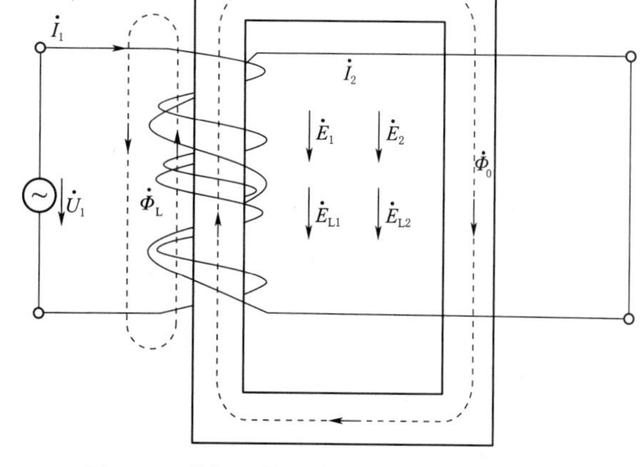

图 1.9 单相双绕组变压器短路运行电路图

短路运行是变压器在二次负载阻抗等于零时的一种特殊形式，电磁关系也完全适用于短路运行。短路运行时，由于二次负载阻抗等于零，所以二次端电压也等于零。如果忽略空载漏磁通，那么一次、二次电路的电压方程式如下：

$$\dot{U}_1=\dot{E}_1+\mathrm{j}\dot{I}'_1X_1+\dot{I}_1R_1 \tag{1-20}$$

$$0=\dot{E}_2-\mathrm{j}\dot{I}_2X_2-\dot{I}_2R_2 \tag{1-21}$$

短路运行时，由于一次电压较低（阻抗电压百分数与一次额定电压之积），故铁芯磁密也颇低，因此空载电流和铁芯损耗也极小。在忽略空载电流的情况下，磁势平衡方程式为

$$\dot{I}_1W_1-\dot{I}_2W_2=0 \tag{1-22}$$

由此可见，一次、二次电流之比与绕组匝数成反比，即

$$\frac{I_1}{I_2}=\frac{W_2}{W_1} \tag{1-23}$$

一次电路的电压方程式可以化简成：

$$\dot{U}_1=\dot{E}_1+\mathrm{j}\dot{I}_1X_1+\dot{I}_1R_1 \tag{1-24}$$

将式（1-21）乘以$\dfrac{W_1}{W_2}$，再与式（1-24）相减，得

$$\dot{U}_1=\dot{I}_1\left[R_1+R_2\left(\frac{W_1}{W_2}\right)^2\right]+\mathrm{j}\dot{I}_1\left[X_1+X_2\left(\frac{W_1}{W_2}\right)^2\right]=\dot{I}_1R_K+\mathrm{j}\dot{I}_1X_K=\dot{I}_1Z_K \tag{1-25}$$

式中　R_K——变压器一次、二次绕组的折合到一次侧的短路电阻；

X_K——变压器一次、二次绕组的折合到一次侧的短路电抗；

Z_K——变压器一次、二次绕组的折合到一次侧的短路阻抗。

式（1-25）中的短路阻抗是变压器的一个重要参数，它取决于变压器本身结构的物理量。短路运行时，当一次、二次电流为额定值时，一次电压叫做变压器的阻抗电压，即

$$\dot{U}_K=\dot{I}_{1N}Z_K=\dot{I}_{1N}(R_K+\mathrm{j}X_K)=\dot{U}_R+\dot{U}_X \tag{1-26}$$

式中　$\dot{U}_K$——变压器的阻抗电压；

$\dot{I}_{1N}$——变压器额定一次电流；

$\dot{U}_R$——阻抗电压的电阻电压分量；

$\dot{U}_X$——阻抗电压的电抗电压分量。

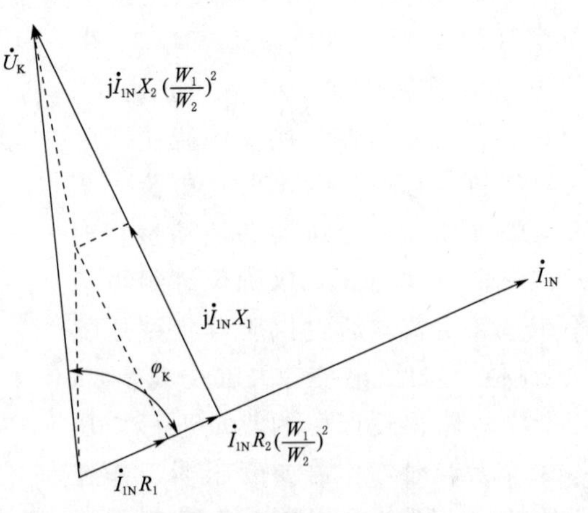

图 1.10　变压器短路相量图

图 1.10 所示为忽略空载漏磁通的变压器短路运行各电磁参量的相量图，该图通常叫做阻抗电压三角形。

图 1.10 中 φ_K 为变压器短路阻抗的功率因数角，$\varphi_K=\arctan\frac{X_K}{R_K}$。在工程上，通常将阻抗电压表示成占额定相电压的百分数形式，即以额定相电压为基准的标幺值。当短路阻抗折合至一次侧时，阻抗电压百分数可表示为

$$U_{R(\%)}=\frac{U_R}{U_{1N}}\times100=\frac{I_{1N}R_K}{U_{1N}}\times100 \tag{1-27}$$

$$U_{X(\%)}=\frac{U_X}{U_{1N}}\times100=\frac{I_{1N}X_K}{U_{1N}}\times100 \tag{1-28}$$

$$U_{K(\%)}=\frac{U_K}{U_{1N}}\times100=\sqrt{U_{R(\%)}^2+U_{X(\%)}^2} \tag{1-29}$$

式中　U_{1N}——额定一次相电压。

短路运行时，变压器一次绕组从电源吸取的能量全部消耗在变压器本身的损耗上，并以热量的形式散发掉。变压器在额定电流下短路运行时，如图 1.10 所示，若近似认为一次绕组压降与二次绕组折算后的压降相等，则由阻抗电压三角形可以看出：$\dot{E}_1=\dot{E}_2=\dot{U}/2$。

若 $U_K=0.1$，则励磁绕组的电抗压降约为 0.05，那么感应电动势将近似为额定电压的 1/20。若近似认为空载损耗与电压的平方成正比，在额定电流下短路运行时，则空载损耗将为 $(1/20)^2=1/400$，铁芯损耗也极小，所以变压器的损耗基本上反映了绕组的损耗及附加损耗，这种损耗通常叫做负载损耗。负载损耗也是变压器的重要参数之一。同时，由阻抗电

压三角形可知：

$$P_K = U_K I_{1N}\cos\varphi_K = U_R I_{1N} \tag{1-30}$$

比较式（1－27）和式（1－30），可得出

$$U_{R(\%)} = \frac{U_R I_{1N}}{U_{1N} I_{1N}} \times 100 = \frac{P_K}{10P} \tag{1-31}$$

式中 P_K——负载损耗；

P——变压器容量。

至于阻抗电压电抗分量的计算，由于它涉及绕组的结构及负载漏磁通的分布，推导较为复杂，将在以后详细说明。

由上述分析可知，变压器阻抗电压的电阻电压分量如下：

$$U_{R(\%)} = \frac{P_K}{I_{1N}} \times 100 \tag{1-32}$$

变压器的短路电阻为

$$R_K = R_1 + R_2\left(\frac{W_1}{W_2}\right)^2 = \frac{U_R}{I_{1N}} = \frac{P_K}{I_{1N}^2} \tag{1-33}$$

在描述变压器工作原理的电压方程式中，一次、二次绕组的电阻 R_1、R_2 是指表征绕组损耗的短路电阻，并不是绕组的直流电阻。前者比后者要大一些。

在式（1－25）中，阻抗电压 U_K 及其分量 U_R 和 U_X，短路阻抗 Z_K 及其分量 R_K 和 X_K，均系折合至一次侧的量值。将式（1－25）两端均乘以$\frac{W_2}{W_1}$，可将阻抗电压及短路阻抗折合至二次侧，即

$$\dot{U}'_K = \dot{U}_K \frac{W_2}{W_1} = \dot{I}_{1N} \frac{W_1}{W_2} Z_K \left(\frac{W_2}{W_1}\right)^2 = \dot{I}_{2N} Z'_K = \dot{I}_{2N} R'_K + j\dot{I}_{2N} X'_K = \dot{U}'_R + \dot{U}'_X \tag{1-34}$$

$$R'_K = R_K\left(\frac{W_2}{W_1}\right)^2 = R_1\left(\frac{W_2}{W_1}\right)^2 + R_2 \tag{1-35}$$

$$X'_K = X_K\left(\frac{W_2}{W_1}\right)^2 = X_1\left(\frac{W_2}{W_1}\right)^2 + X_2 \tag{1-36}$$

$$Z'_K = Z_K\left(\frac{W_2}{W_1}\right)^2 = R_K\left(\frac{W_2}{W_1}\right)^2 + jX_K\left(\frac{W_2}{W_1}\right)^2 = R'_K + jX'_K \tag{1-37}$$

这时阻抗电压百分数为

$$U'_{R(\%)} = \frac{U'_R}{U_{2N}} \times 100 = \frac{I_{2N} R'_K}{U_{2N}} \times 100 = \frac{I_{1N} R_K}{U_{1N}} \times 100 = U_{R(\%)} \tag{1-38}$$

$$U'_{X(\%)} = \frac{U'_X}{U_{2N}} \times 100 = \frac{I_{2N} X'_K}{U_{2N}} \times 100 = \frac{I_{1N} X_K}{U_{1N}} \times 100 = U_{X(\%)} \tag{1-39}$$

$$U'_{K(\%)} = \sqrt{U'^2_{R(\%)} + U'^2_{X(\%)}} = \sqrt{U^2_{R(\%)} + U^2_{X(\%)}} = U_{K(\%)} \tag{1-40}$$

式中 U_{2N}——额定二次相电压；

I_{2N}——额定二次相电流。

由式（1－38）～式（1－40）可以看出，用百分数表示的阻抗电压折合至一次侧的量值与折合至二次侧的量值完全相同。因此，工程上通常以百分数表示阻抗电压及其分量。

1.9 等 值 电 路

电力变压器通常是三相的，只有在容量特别大、受限于运输条件时，一般才选择单相变压器，但在使用时总是接成三相变压器组。

1.9.1 双绕组变压器等值电路和参数计算

双绕组变压器的近似等值电路通常将励磁支路前移至电源侧，将二次绕组的电阻和漏电抗折算到一次侧，并与一次绕组的电阻和漏电抗合并，用等值阻抗 $R+jX$ 表示，如图 1.11 所示。

变压器铭牌参数中通常包括短路损耗 P_K、短路阻抗电压 $U_K\%$、空载损耗 P_0、空载电流 $I_0\%$4 个关键参数。由 1.8 节可知，短路损耗和短路阻抗电压由短路试验测得，可以确定电阻 R_T 和电抗 X_T，空载损耗和空载电流百分数由空载试验测得，可以确定电导 G_T 和电纳 B_T。对于三相电力变压器，由式（1-33）可得

$$R_T=P_K/3I_N^2 \tag{1-41}$$

实际应用中，用三相额定容量 S_N 和额定线电压 U_N 进行计算，式（1-41）可改写为

$$R_T=\frac{\Delta P_s U_N^2}{S_N^2}\times 10^3(\Omega) \tag{1-42}$$

式中，P_s 的单位为 kW，S_N 的单位为 kV·A，U_N 的单位为 kV。本节以下各式单位与此相同。

$$X_T=\frac{U_X\%}{100}\times\frac{U_N}{\sqrt{3}I_N}=\frac{U_X\%}{100}\times\frac{U_N^2}{S_N}\times 10^3 \tag{1-43}$$

式（1-43）在变压器绕组机械状态诊断工作中经常用到。

由于空载电流相对于额定电流很小，通常损耗水平优于 S9 型的电力变压器空载电流通常在额定电流的 0.5%以下，因此可以认为空载损耗主要是铁芯损耗。

$$G_T=\frac{P_{Fe}}{U_N^2}\times 10^{-3}=\frac{P_o}{U_N^2}\times 10^{-3} \tag{1-44}$$

式中，G_T 的单位为 S。

电纳代表变压器的励磁功率。空载电流包括有功分量和无功分量，与励磁功率对应的是无功分量。一般空载试验时功率因数为 0.4～0.6，根据变压器铭牌上给出的 $I_0\%=\frac{I_0}{I_N}\times 100$ 可计算出导纳 Y_T。

$$Y_T=\frac{I_o\%}{100}\times\frac{\sqrt{3}I_N}{U_N}=\frac{I_o\%}{100}\times\frac{S_N}{U_N^2}\times 10^{-3} \tag{1-45}$$

由导纳三角形将式（1-45）中 Y_T 的 G_T 分离，即可得到电纳 B_T。

1.9.2 多绕组变压器等值电路和参数计算

多绕组变压器在电网中更为常见，根据前面所叙述的两绕组变压器的工作过程，可推导出如图 1.12 所示的多（n 个）绕组变压器工作过程的一般方程式。

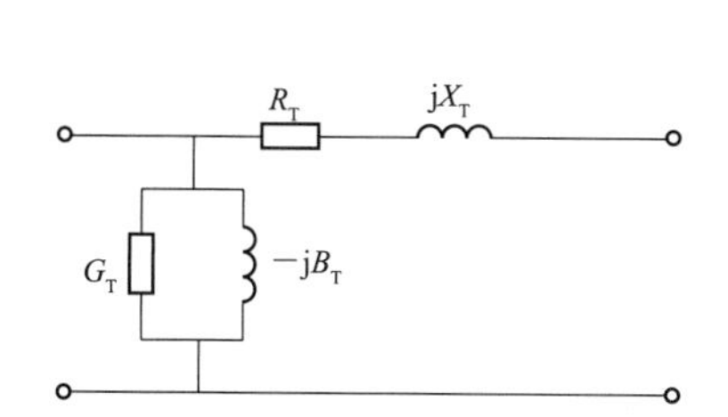

图 1.11 双绕组变压器折合至一次侧的Γ形等值电路图

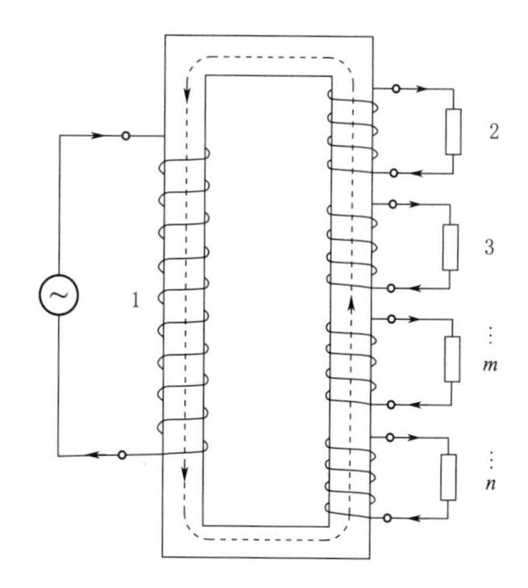

图 1.12 多绕组变压器结构示意图

其中绕组 1 是一次绕组，其余绕组 2～n 是二次绕组。当一次绕组励磁时，铁芯产生主磁通，在各绕组均感应出电压来，这样就实现了功率的传输。如果用 $\dot{I}_1$、$\dot{I}_2$、…、$\dot{I}_n$ 表示流经变压器相应绕组的电流，而用 W_1、W_2、W_3、…、W_n 表示对应绕组的匝数，则根据磁势平衡原理可得到

$$\dot{I}_1 W_1 - \dot{I}_2 W_2 - \cdots - \dot{I}_n W_n = \dot{I}_0 W_1 \tag{1-46}$$

即励磁电流 $\dot{I}_0$ 在铁芯中建立了闭合的主磁通，与所有绕组的全部匝数交链，并且在绕组中产生大小正比于绕组匝数的感应电动势。为简化分析，忽略空载损耗和空载电流，并把所有绕组的匝数都归算到同一个匝数，则可以把多绕组变压器当作处于导磁系数为常数的无损耗介质中的电感线圈相互作用来处理，每个线圈的端电压不仅取决于该线圈的自感电压，还取决于该线圈与其他线圈的互感电压。同时，由于一次绕组的电抗电压超前于电流 90°，而二次绕组的电抗电压则滞后于电流 90°，则可得到下列多绕组变压器的电动势联立方程式：

$$\begin{aligned}
\dot{U}_1 &= \dot{E}_1 + j\dot{I}_1 X_{11} - j\dot{I}_2 X_{12} - j\dot{I}_3 X_{13} - \cdots - j\dot{I}_n X_{1n} + \dot{I}_1 R_1 \\
\dot{U}_2 &= \dot{E}_2 + j\dot{I}_1 X_{21} - j\dot{I}_2 X_{22} - j\dot{I}_3 X_{23} - \cdots - j\dot{I}_n X_{2n} - \dot{I}_2 R_2 \\
&\vdots \\
\dot{U}_n &= \dot{E}_n + j\dot{I}_1 X_{n1} - j\dot{I}_2 X_{n2} - j\dot{I}_3 X_{n3} - \cdots - j\dot{I}_n X_{nn} - \dot{I}_n R_n
\end{aligned} \tag{1-47}$$

式中 $\dot{U}_1 \sim \dot{U}_n$——各绕组的端电压；

$\dot{E}_1 \sim \dot{E}_n$——各绕组的感应电压；

$X_{11} \sim X_{nn}$——绕组的自感电抗；

$X_{12} \sim X_{n(n-1)}$——绕组间互感电抗。

上述方程的物理意义为：一次绕组的端电压即外施电压，等于该绕组的自感电压与各绕组的电流在该绕组中所产生电压降之和；二次绕组的端电压即施加在外部负载上的电

压，等于该绕组的感应电压与各绕组的电流在该绕组中所引起的电压降之和（一次前的符号取+j，其他绕组的电流前符号取−j）。

由于忽略了空载电流，所以：

$$\dot I_1=\dot I_2+\dot I_3+\cdots+\dot I_n \tag{1-48}$$

空载运行时，各绕组的端电压即感应电压相等，即都等于一次电压 $\dot U_1$，负载运行时，各二次绕组的电压降为

$$\begin{aligned}\dot U_1-\dot U_2=&\dot I_1\dot R_1+\dot I_2\dot R_2+\mathrm{j}\dot I_1(X_{11}-X_{21})+\mathrm{j}\dot I_2(X_{22}-X_{12})+\mathrm{j}\dot I_3(X_{23}-X_{13})+\cdots\\&+\mathrm{j}\dot I_n(X_{2n}-X_{1n})\dot U_1-\dot U_3=\dot I_1\dot R_1+\dot I_3\dot R_3+\mathrm{j}\dot I_1(X_{11}-X_{31})+\mathrm{j}\dot I_2(X_{32}-X_{12})\\&+\mathrm{j}\dot I_3(X_{33}-X_{13})+\cdots+\mathrm{j}\dot I_n(X_{3n}-X_{1n})\\&\vdots\\\dot U_1-\dot U_n=&\dot I_1\dot R_1+\dot I_n\dot R_n+\mathrm{j}\dot I_1(X_{11}-X_{n1})+\mathrm{j}\dot I_2(X_{n2}-X_{12})+\mathrm{j}\dot I_3(X_{n3}-X_{13})\\&+\cdots+\mathrm{j}\dot I_n(X_{nn}-X_{1n})\end{aligned} \tag{1-49}$$

将式（1-48）代入可得

$$\begin{aligned}\dot U_1-\dot U_2=&\dot I_2[(R_1+R_2)+\mathrm{j}(X_{11}-X_{21}-X_{12}+X_{22})]+\dot I_3[R_1+\mathrm{j}(X_{11}-X_{21}-X_{13}+X_{23})]\\&+\cdots+\dot I_n[R_1+\mathrm{j}(X_{11}-X_{21}-X_{1n}+X_{2n})]\\&\vdots\\\dot U_1-\dot U_n=&\dot I_2[R_1+\mathrm{j}(X_{11}-X_{n1}-X_{12}+X_{n2})]+\dot I_3[R_1+\mathrm{j}(X_{11}-X_{n1}-X_{13}+X_{n3})]\\&+\cdots+\dot I_n[(R_1+R_n)+\mathrm{j}(X_{11}-X_{n1}-X_{1n}+X_{nn})]\end{aligned} \tag{1-50}$$

对于双绕组变压器，可得

$$\dot U_1-\dot U_2=\dot I_2[(R_1+R_2)+\mathrm{j}(X_{11}-X_{21}-X_{12}+X_{22})] \tag{1-51}$$

在式（1-51）中，R_1+R_2 即为两个绕组的短路电阻，而 $X_{11}-X_{21}-X_{12}+X_{22}$ 即为两个绕组的短路电抗，即

$$R_m+R_n=R_{\mathrm{K}mn}$$

$$X_{mm}-X_{mn}-X_{nm}+X_{nn}=X_{\mathrm{K}mn}$$

式中　$R_{\mathrm{K}mn}$——m 绕组和 n 绕组对间的短路电阻；

$X_{\mathrm{K}mn}$——m 绕组和 n 绕组对间的短路电抗。

同时，由于 $X_{mn}=X_{nm}$，则

$$\begin{aligned}X_{11}-X_{21}-X_{13}+X_{23}=&\frac{X_{11}-X_{21}-X_{12}+X_{22}}{2}+\frac{X_{11}-X_{31}-X_{13}+X_{33}}{2}\\&-\frac{X_{22}-X_{32}-X_{23}+X_{33}}{2}=\frac{X_{\mathrm{K}12}+X_{\mathrm{K}13}-X_{\mathrm{K}23}}{2}=X_{123}\end{aligned}$$

推广至一般情况：

$$X_{1mn}=X_{11}-X_{m1}-X_{1n}+X_{mn}=\frac{X_{\mathrm{K}1m}+X_{\mathrm{K}1n}-X_{\mathrm{K}nm}}{2} \tag{1-52}$$

因此，式（1-51）可简化为

$$\dot U_1-\dot U_2=\dot I_2Z_{\mathrm{K}12}+\dot I_3Z_{123}+\cdots+\dot I_nZ_{12n}$$

$$\dot{U}_1-\dot{U}_3=\dot{I}_2Z_{132}+\dot{I}_3Z_{K13}+\cdots+\dot{I}_nZ_{13n}$$
$$\vdots \tag{1-53}$$
$$\dot{U}_1-\dot{U}_n=\dot{I}_2Z_{1n2}+\dot{I}_3Z_{1n3}+\cdots+\dot{I}_nZ_{K1n}$$

Z_{1nm} 为 m 绕组和 n 绕组之间的影响阻抗，物理意义为 m 绕组电流在 n 绕组中所引起的电压降除以 m 绕组的电流，同样，也为 n 绕组电流在 m 绕组中所引起的电压降除以 n 绕组的电流。

式（1-53）是分析多绕组变压器的关键方程式，后续章节特别是多绕组变压器短路电抗计算多处用到。

1.9.3 二次电压调整率

电压调整率是变压器的重要性能参数之一。电压调整率定义为空载电压与负载电压之差与空载电压之比。若用 $\dot{U}_{02}$ 表示空载时二次侧电压，$\dot{U}_2$ 表示带负载时二次电压，则二次电压调整率 ε 可表示为

$$\varepsilon=\frac{\dot{U}_{02}-\dot{U}_2}{\dot{U}_{02}} \tag{1-54}$$

感性负载的电压调整率表达式为

$$\varepsilon=\varepsilon_r\cos\theta_2+\varepsilon_x\sin\theta_2+\frac{1}{2}(\varepsilon_x\cos\theta_2-\varepsilon_r\sin\theta_2)^2 \tag{1-55}$$

式中 ε_r——阻抗电压标幺值的电阻分量；

ε_x——阻抗电压标幺值的电抗分量。

注意式（1-55）是在额定负载下得出的，具体应用时需根据实际负载率进行折算。阻抗电压物理意义参见第 1 章 1.8 节。

容性负载（$\dot{I}_2$ 超前 $\dot{u}_2$，角度为 θ_2）的电压调整率为

$$\varepsilon=\varepsilon_r\cos\theta_2-\varepsilon_x\sin\theta_2+\frac{1}{2}(\varepsilon_x\cos\theta_2+\varepsilon_r\sin\theta_2)^2 \tag{1-56}$$

由于二次方项的值很小，工程计算将其忽略不会带来太大的误差，故式（1-55）、式（1-56）可简化为

$$\varepsilon=\varepsilon_r\cos\theta_2\pm\varepsilon_x\sin\theta_2 \tag{1-57}$$

对于三绕组电力变压器，感性负载的电压调整率为

$$\varepsilon_{12}=\varepsilon_{r12}\cos\theta_2+\varepsilon'_{r123}\cos\theta_3+\varepsilon_{x12}\sin\theta_2+\varepsilon'_{x123}\sin\theta_3+\frac{1}{200}(\varepsilon_{x12}\cos\theta_2+\varepsilon'_{x123}\cos\theta_3-\varepsilon_{r12}\sin\theta_2-\varepsilon'_{r123}\sin\theta_3)^2 \tag{1-58}$$

$$\varepsilon'_{r123}=\frac{I_3R_{123}}{U_1}$$

$$\varepsilon'_{x123}=\frac{I_3X_{123}}{U_1}$$

$$\varepsilon_{13}=\varepsilon_{r13}\cos\theta_3+\varepsilon_{r123}\cos\theta_2+\varepsilon_{x13}\sin\theta_3+\varepsilon_{x123}\sin\theta_2+\frac{1}{200}(\varepsilon_{x13}\cos\theta_3+\varepsilon_{x123}\cos\theta_2-\varepsilon_{r13}\sin\theta_2-\varepsilon_{r123}\sin\theta_2)^2 \tag{1-59}$$

$$\varepsilon_{r123}=\frac{I_2R_{123}}{U_1}$$

$$\varepsilon_{x123}=\frac{I_2X_{123}}{U_1}$$

对于三绕组变压器，联合运行时，第二和第三绕组不可能同时达到额定容量，需根据实际负荷大小进行折算。

第2章 变压器过热故障

2.1 概　　述

过热故障是变压器常见故障之一。由于空载损耗和负载损耗的存在，其转化为热量后，一方面提高了绕组、铁芯及结构件的温度；另一方面，传导至周围介质，使介质温度升高，再通过油箱壁和冷却系统对外散热。当发热与散热达到平衡状态时，各部件的温度不再变化；若其发热量大于预期值或散热量不及预期值，则产生过热现象。

过热故障按发生部位可分为内部过热故障和外部过热故障。内部过热故障包括绕组、铁芯、夹件、拉板、分接开关、连接螺栓及引线等部件过热故障；外部过热故障包括套管、冷却系统以及其他外部组件过热故障。根据变压器过热故障性质可分为以发热异常为主的发热异常型过热故障和以散热异常为主的散热异常型过热故障，本节主要介绍变压器过热故障的起因。

2.2 变压器损耗与发热

变压器的主要发热源是绕组、铁芯和金属结构件内的损耗，下面对变压器损耗的构成、影响因素和发热过程进行分析。

2.2.1 变压器损耗分类

变压器的损耗包括与负载无关的空载损耗、随负载变化的负载损耗和辅机损耗。其中，辅机损耗不是变压器直接产生的损耗，而是指风冷式变压器风扇电机和强迫油循环冷却式变压器油泵、风扇电机的损耗。

1. 空载损耗

空载损耗是指在一个绕组端子上施加额定电压，在其余绕组处于开路状态下，变压器所消耗的有功功率。主要包括主磁通在硅钢片中产生的铁损和空载电流在绕组中产生的铜损。由于铜损的数值非常小，因此通常认为铁损即为空载损耗，又可分为磁滞损耗和涡流损耗两部分。

（1）铁芯磁滞损耗。可由式（2-1）计算：

$$W_{\mathrm{h}}=K_{\mathrm{h}} f B_{\mathrm{m}}^{n} G V \tag{2-1}$$

式中　W_{h}——磁滞损耗，W；

K_h——与铁芯材料有关的系数；

f——电源频率，Hz；

B_m——磁通密度幅值，T；

G——铁芯硅钢片比重，kg/dm^3；

V——铁芯体积，dm^3；

n——磁滞系数，对于目前采用的冷扎取向硅钢片 $n=1.6 \sim 2.5$。

（2）铁芯涡流损耗。可由式（2-2）计算：

$$W_e = K_e f^2 B_m^2 t^2 GV + P_a \tag{2-2}$$

式中　W_e——涡流损耗，W；

K_e——与铁芯材料有关的系数；

B_m——磁通密度幅值，T；

t——铁芯硅钢片厚度，m；

P_a——异常涡流损耗，W。

（3）空载损耗实际计算公式。实际计算时，空载损耗可由式（2-3）计算：

$$P_0 = K_0 GV p_0 \tag{2-3}$$

式中　P_0——空载损耗，W；

p_0——硅钢片单位重量的损耗，W/kg；

K_0——空载损耗附加系数，与铁芯结构和硅钢片加工工艺水平等因素有关。

可见，为减小空载损耗，应选取磁滞回线小、电阻率大、饱和磁通密度高、厚度小的高导磁晶粒取向硅钢片，同时还应考虑铁芯尺寸、工作磁密、铁芯接缝方式等因素的影响。

2. 负载损耗

负载损耗是指当变压器一对绕组中的某一侧绕组短接，而在另外一侧施加电压，并使绕组中流过额定电流时变压器所消耗的有功功率。其包括直流电阻损耗、绕组内的附加损耗以及铁芯、油箱、夹件等结构件中的杂散损耗，并以 75 ℃时的损耗值表示。

（1）直流电阻损耗。直流电阻损耗包括绕组的直流电阻损耗和引线电阻损耗。其大小随温度的上升而增加，三相直流电阻损耗可由式（2-4）计算：

$$P_{R75} = mI^2 R_{75} + P_{y75} \tag{2-4}$$

式中　P_{R75}——75 ℃时的三相直流电阻损耗，W；

m——相数；

I——绕组相电流，A；

R_{75}——75℃时的绕组每相直流电阻，Ω；

P_{y75}——75℃时的三相引线电阻损耗，W。

由于绕组相电流是固定的额定值，为了降低直流电阻损耗，就要选用较大的导体的总截面和较小的导体总长度；对于引线电阻损耗，若引线连接松动或接触不牢靠使连接处电阻增大，可导致引线局部过热。

（2）绕组附加损耗。变压器绕组附加损耗通常可分为涡流损耗和环流损耗，均是由漏磁场作用而产生的。涡流损耗是在各导体中形成的体积电流损耗，环流损耗是在彼此绝缘的并联导体中形成的回路电流损耗。环流损耗主要取决于并联导线根数、各并联导线的长度和导线在漏磁场中所处的位置，通常可以在绕制过程中采用换位方法得到有效控制；涡流损耗通常通过减少导线辐向厚度、降低端部横向漏磁密度等方式控制。

在忽略绕组导体涡流反作用时，可按式（2-5）计算绕组导体内的涡流损耗：

$$P_{ei75}=\frac{1}{24\rho}\omega^2 d^2 B^2 V \tag{2-5}$$

式中 P_{ei75}——75℃时的绕组横向涡流损耗或纵向涡流损耗，W；

B——磁通密度幅值的横向分量或纵向分量，T；

ω——角频率，rad/s；

ρ——75℃时的导体电阻率，Ω；

d——对应纵向磁通密度时为导体厚度，对应横向磁通密度时为导体宽度，m；

V——绕组导体体积，m^3。

因此绕组总的涡流损耗 P_{e75} 由式（2-6）计算：

$$P_{e75}=P_{ex}+P_{ey} \tag{2-6}$$

式中 P_{ex}——75℃时的绕组横向涡流损耗，W；

P_{ey}——75℃时的绕组纵向涡流损耗，W。

可见，在工频情况下，绕组涡流损耗的大小主要取决于导体截面尺寸和磁通密度大小。由变压器漏磁场分布可知，在绕组轴向高度中间部位及邻近，漏磁场主要是纵向分量，而漏磁场横向分量接近于零；在绕组端部，漏磁场呈弯曲分布，即磁通密度具有较大的横向分量，由于该分量产生的横向涡流损耗对应导体宽度尺寸，因此其产生的局部横向涡流损耗更加严重，并易于产生局部过热。为预防绕组局部过热和降低绕组附加损耗，通常采用换位或组合导线以减小单根导体截面积。

（3）金属结构件中的杂散损耗。大型变压器漏磁场按其产生源可分为绕组漏磁场和引线漏磁场，其共同构成变压器漏磁场，并在整个场域内的金属导体中产生涡流损耗。通常把在绕组以外的其他金属结构件（如油箱、夹件、铁芯拉板等）中产生的损耗称为杂散损耗，其大小随温度的上升而减小。由于这些金属结构件均处于高漏磁区域中，虽然其所产生的杂散损耗相对变压器总附加损耗而言微不足道，但分布极不均匀，若设计不当，极易产生局部过热。

3. 辅机损耗

由于大型变压器产生的热量相当大，因此，为了提高冷却效率和降低温升，通常要采用风扇强迫通风和油泵强迫油流动。辅机损耗就是变压器冷却系统的风扇电机和油泵电机所消耗的能量或功率。该类损耗可以通过改进冷却方式的手段进行控制。

2.2.2 变压器发热过程

变压器运行时，在铁芯、绕组和金属结构件中均要产生损耗，这些损耗将转变成热量并组成发热源。当单位时间内发热体产生的热量等于单位时间内发热体向周围介质散发的热量时，变压器达到热稳定状态，各部件的温度不再变化。达到热稳定的时间，因变压器容量的大小和冷却方式不同而有所区别。对于小容量油浸式变压器和干式变压器，一般运行10h左右即可处于热稳定状态；对于大型变压器，往往需要20h左右才能达到热稳定状态。

在热平衡状态下，热量向外传播的路径是很复杂的。以自然风冷油浸式变压器为例，其热量的传播过程如下：

（1）变压器绕组、铁芯等发热体的热量，由他们内部最热点以传导方式传到被油冷却的各自表面。

（2）热量由绕组、铁芯等发热体的表面通过对流方式向附近的油传递，并使油温逐渐上升。

（3）热油经对流方式把热量散发到油箱或散热器的内表面。

（4）油箱或散热器内表面的热量与油箱本身产生的热量经传导方式向其外表面传递。

（5）所有的热量均以对流和辐射的方式通过油箱和散热器外表面向周围环境空气散热。

从热量传播过程可知，变压器内部各部位的温度不仅与绕组、铁芯等发热源产生的热量大小有关，而且还与热源周围散热条件有关，因此在进行变压器结构设计时，绕组都做成具有一定尺寸的纵向或横向油道，这样就使绕组最热点温度并非出现在漏磁场及涡流损耗最大的绕组端部，而是在绕组上端部附近，位于绕组高度方向的75%～80%处。

从发热角度考虑，变压器绕组、铁芯及金属结构件中的环流和涡流异常是引起变压器电流异常型过热故障的主要根源，其与电阻异常型过热故障一起构成发热异常型过热故障。发热异常型过热故障涉及变压器各部件的材料质量、性能、工艺制造水平、漏磁场分布、几何结构和各部件之间的相对位置与连接质量等影响因素，所以为了减少或避免这种过热故障的发生，就要掌握这种常见过热故障的起因及现象，并对上述各因素进行有效的控制。

2.2.3 变压器温升限值

变压器的温升限值以变压器绝缘材料的使用的寿命为基础。对于油浸式电力变压器，一般采用A级绝缘材料。在额定运行状态下，其长期工作最高温度为105℃；在变压器短路情况下和规定的时间内，变压器绕组的最高允许平均温度为250℃（铜绕组）；在周期性负载或超过铭牌额定值的负载情况下，绕组的最热点温度不超过140℃。变压器绝缘的热老化与绕组的热点温度有关，在《电力变压器 第7部分：油浸式电力变压器负载导则》（GB/T 1094.7）中规定了油浸式变压器绕组的热点温度基准值是98℃，在此温度下绝缘的相对老化率为1。在80～140℃范围内，温度每增加6K，其老化率增加一倍，即6度法则，由此可定义相对热老化率V的计算式如下：

$$V=2^{(\theta-98)/6} \tag{2-7}$$

式中 θ——变压器不同负载运行下的热点温度，℃。

根据式（2-7）可以得出，变压器在140℃下运行1h，其热老化率相当于98℃下运行128h。

电力变压器国家标准《电力变压器 第2部分：液浸式变压器的温升》（GB 1094.2）规定了电力变压器的温升限值根据不同的负载情况而定，在连续额定容量下的温升限值见

表 2.1。GB 1094.2 同时还规定，铁芯、绕组外部的电气连接线或金属结构件，不规定温升限值，但仍要求温升不能过高，通常不能超过 80K，以免使与其相邻的部件过热损坏或使油过度老化。在《电力变压器　第 5 部分：承受短路的能力》（GB 1094.5）中规定了变压器承受短路时的动、热稳定能力，其中，在规定的短路时间内，油浸式变压器绕组的最高允许平均温度为：对于铜绕组是 250℃，对于铝绕组是 200℃。在短路情况下的绕组平均温度计算公式如下。

表 2.1　油浸式电力变压器在连续额定容量下的温升限值

部　　位	温升限值/K
油不与大气直接接触时的顶层油温升	60
油与大气直接接触时的顶层油温升	55
绕组平均温升	65

（1）对于铜绕组：

$$\theta=\theta_0+\frac{2(\theta_0+235)}{\dfrac{106000}{J^2t}-1} \tag{2-8}$$

（2）对于铝绕组：

$$\theta=\theta_0+\frac{2(\theta_0+225)}{\dfrac{45700}{J^2t}-1} \tag{2-9}$$

式中　θ_0——绕组短路时的起始温度，℃；

J——对称短路电流密度的有效值，A/mm^2；

t——短路持续时间，s。

2.3　变压器过热故障及其起因

2.3.1　环流或涡流在导体和金属结构件中引起的过热

变压器中可能引起过热的电流，主要包括工作电流、环流、涡流及其共同作用。即使处于满载运行条件下，其工作电流在设计阶段已经从发热和冷却各方面进行了有效控制。环流和涡流，则直接与漏磁场有关，即与负载电流正相关，其不仅存在于变压器绕组导体中，也存在于变压器油箱、铁芯夹件、拉板及连接螺栓等金属结构件中。常见的过热性故障如下。

1. 铁芯过热故障

铁芯局部过热是一种常见变压器故障，通常是由设计、制造工艺不良或外部短路等因素引发。

电力变压器铁芯、夹件等金属结构件等均通过油箱可靠接地，因此在接地线中流过的是带电绕组对铁芯的电容电流。对于三相变压器，正常运行工况下，由于三相电压对称，所以三相绕组对铁芯的电容电流之和几乎等于零，因此三相变压器铁芯或夹件的接地电流显著小于单相变压器。

目前，普遍采用铁芯硅钢片间放一铜片的方法接地，铁芯叠片间的绝缘通常为几欧姆到几十欧姆，在高压电场中可视为通路，因而铁芯一点接地即可实现整个铁芯处于零电位的目的。当铁芯两点或两点以上接地时，则在接地点间就会形成闭合回路，并与铁芯内的交变磁通相交链而产生感应电压。该电压在回路中感应的电流可引起局部过热，导致绝缘油色谱异常，严重的甚至引发接地片熔断或铁芯局部烧损。

铁芯多点接地通常由以下原因引起：

（1）铁芯夹件绝缘、垫脚绝缘等受潮、损坏或箱底沉积油泥及水分，使绝缘电阻下降，形成多点接地。

（2）潜油泵轴承磨损产生的金属粉末或制造过程中的金属焊渣及其他金属异物进入油箱并堆积在油箱底部，在电磁力或其他外力作用下形成桥路，使下铁栀的下表面与垫脚或箱底短接，形成多点接地。

（3）铁芯叠片边缘有尖角、毛刺、翘曲或不整齐，相邻的夹件、垫脚安装疏忽，使铁芯与相邻金属结构件之间短接，形成多点接地。

（4）变压器运输中，由于冲撞、震动使部分铁芯叠片窜出或位移，导致与邻近结构件相碰，形成多点接地。

其他造成过热的原因如下：

（1）铁芯部分硅钢片碰伤、翘曲或加工毛刺大，使铁芯叠片局部短路，由此产生的涡流导致铁芯局部过热。

（2）铁芯受绕组短路电动力作用或经过重新拆装，导致铁芯接缝气隙增大，局部磁通畸变、饱和，造成局部损耗增大引起铁芯局部过热。

2. 绕组过热故障

变压器绕组过热故障可分为发热异常型过热故障、散热异常型过热故障和异常运行过热故障，本节给出的由环流或涡流引起的绕组过热属于发热异常型过热故障。

（1）变压器绕组漏磁场可分为轴向分量和辐向分量。轴向分量分布较简单，沿绕组高度变化较小；辐向分量沿绕组高度变化较大，由它引起的辐向涡流损耗分布很不均匀。由于辐向涌磁场最大值一般出现在绕组端部附近，因此当绕组单根导体的截面尺寸选择不合适时，对于大容量或高阻抗变压器，易导致绕组端部过热。

（2）绕组换位不充分，则漏磁场在绕组各并联导体中感应的电势不同，从而产生环流，引起过热。

（3）换位导线股间绝缘损伤后形成环路，漏磁通在其中产生环流，引起局部过热。

3. 引线分流故障

由于引线安装工艺问题使高压套管的出线电缆与套管内的铜管相碰，运行或检修过程中接触部位受力产生摩擦，会导致引线绝缘层损伤或半叠绕白布带脱落，引起裸铜引线直接与铜管内壁及均压球接触，形成由铜管壁和引线组成的交链磁通的闭合回路，由此产生引线分流和环流，使电缆铜线烧断、烧伤，使铜管熔成凹形坑等。

4. 铁芯拉板过热故障

大型变压器铁芯拉板通常采用低磁钢材料制造，由于它处于铁芯与绕组之间的高漏磁场区域中，因此易于产生涡流损耗过分集中，严重时可造成局部过热。

5. 油箱局部过热故障

对于大型变压器或高阻抗变压器，由于其漏磁场较大，若绕组安匝平衡设计不合理或漏磁较大，同时油箱壁或夹件等结构件未采取屏蔽措施，则会引起油箱或夹件等的局部过热。

2.3.2 金属部件之间接触不良引起的过热

金属部件之间接触不良引起的过热属于电阻异常型过热事件。由于导电回路局部电阻增加，引起的损耗局部增加从而导致过热。根据接触电阻公式：

$$R_s=\frac{K}{F^n} \tag{2-10}$$

式中 n——指数，与触头接触形式有关；

K——常数，与触头材料性质有关；

F——接触压力。

由此可知，接触压力减小，会使金属部件之间的接触电阻增大，从而导致接触部位的发热量增大，高温又加速金属表面的氧化腐蚀和机械变形，形成恶性循环，如不及时处理，往往会使变压器发生过热事故。

常见导电部位接触不良有以下几种：

（1）分接开关动、静触头接触不良。

（2）引线接头连接不良。

（3）处于漏磁场中的金属结构件之间的连接螺栓接触不良。

常见情况为变压器漏磁场在上、下节油箱连接螺栓中引起的过热。由于绕组漏磁场一部分与铁芯形成闭合路径，另一部分经过油箱壁形成闭合回路，当漏磁通通过上、下节油箱交界处时，由于空气的磁阻大，大量的漏磁通通过导电性能与导磁性能较好的连接螺栓，使得与上、下箱沿接触良好的螺杆内部的磁通密度很高，并在螺杆中感应出很大的涡流，从而造成连接螺栓严重过热。

2.3.3 散热效果差引起的过热

散热或冷却效果差易产生散热异常型过热故障，可引起局部过热。长期运行的变压器，由于冷却装置缺少维护和清理，使风冷却器散热管的翅片间散热器风道缝隙积满灰尘、树叶、昆虫等杂物，引起风道堵塞，风扇气流无法吹到散热管上，可导致器身中上部绝缘油温升异常。

2.3.4 异常运行引起的过热

当变压器的运行条件异常，也可导致过热或其他故障。如变压器直流偏磁产生的铁芯过饱和、在夜间负荷低谷或节假日由于电压升高引起变压器过励磁等，均可导致变压器铁芯磁通密度增大和损耗增加，引起铁芯局部过热。

第3章 变压器绝缘故障

3.1 概　　述

绝缘是电力变压器，特别是超高压、特高压电力变压器的重要组成部分，它不但对变压器的单台极限容量和运行可靠性具有决定性意义，而且对变压器的经济指标也具有重要影响。

在运行中，变压器绝缘系统主要承受电、力、热三方面的作用。主绝缘或纵绝缘的工作场强超过其耐受场强，可造成绝缘的破坏击穿，从而形成短路故障；出口短路、运输冲撞或地震等原因所产生的作用力，引起绝缘或导体变形，可导致严重绝缘缺陷或短路故障；运行温度或热点温度超过限值，引起绝缘（包括油）老化损坏，可造成绝缘材料机械性能严重下降。

据有关资料统计，首先是变压器绝缘事故，其造成的损坏占很大的比例，变压器损坏总量的70％～80％最终归于匝间短路；其次是分接开关、套管等附件所引起放电故障。

为得到良好的绝缘性能，减小绝缘中的最大场强通常是不够的。影响绝缘耐受特性的因素还有施加电压的波形、绝缘的 $V-t$ 特性、电极的形状和表面情况、绝缘的起始局部放电特性、杂质、水分等。尤其是从局放的角度来看，除采取措施降低最大电场强度、改善电场分布，以及绝缘结构的合理性之外，在很大程度上还与变压器制造过程中的工艺条件，如油处理和浸渍工艺、绕组连接/纠结/换位导致的局部高场强控制有密切关系。

3.2 变压器的绝缘结构与作用电压

油浸式变压器的绝缘通常分为主绝缘和纵绝缘。主绝缘包括绕组间、绕组与铁芯间以及高压引线对地的绝缘。纵绝缘包括绕组的内部绝缘，即匝间和饼间绝缘。对于油-固体混合绝缘系统的变压器，通常会出现两种类型的故障：第一种是两电极间贯穿故障，油被击穿，油-固体交界面沿面爬电击穿或两者同时出现；第二种是局部故障（局部放电），这种情况不会马上导致击穿，但持续的局部放电会导致绝缘材料劣化，最终引起电极间故障。

3.2.1 变压器的绝缘结构分类

油浸变压器的主绝缘、纵绝缘主要是由介电常数较高的油浸纸和介电常数较低的变压器油组合而成的。在这种绝缘方式下，油中的场强较高。通过分割油隙，可提高单位油隙的击穿强度。油浸式变压器主绝缘均是通过采用多层绝缘筒分割油隙的方法提高击穿场强的。

3.2.2 固体绝缘与油配合的作用

为了提高变压器油的耐电强度和减小绝缘结构尺寸，除了设法减少油中杂质和尽可能不使杂质混入油中外，更有效的方法是采用固体绝缘和油相配合组成的复合绝缘。在变压器绝缘结构中，采用的复合绝缘可分为覆盖、绝缘层和隔板三类。

1. 覆盖对油间隙击穿电压的影响

覆盖是用固体绝缘材料，如电缆纸、皱纹纸及绝缘漆等做成紧贴于电极表面比较薄（约十分之几到几毫米）的绝缘层，如导体所包绕的纸带或皱纹纸等。覆盖基本上不改变油中电场强度。覆盖的作用在于消除任何情况下油中纤维杂质的积累并形成半导体小桥而将两电极短接的现象。因此，它的有效性与电场均匀程度有关。试验表明，电场越均匀，油中杂质含量越多，覆盖的作用越显著。在冲击电压作用下，或在极不均匀电场中，覆盖的效果很小。

覆盖使击穿电压提高的百分数如下：工频电压下，对于均匀电场为70%～100%；比较均匀电场为25%～35%；极不均匀电场为10%～15%。因为在不均匀电场中纤维杂质不易形成半导体小桥，在均匀电场中则易于形成小桥，而覆盖正好可起到阻碍小桥形成的作用，故使均匀电场情况下击穿电压有很大程度的提高。

在冲击电压作用下，覆盖不均匀性可引起电场的某些畸变，从而导致击穿电压降低。

2. 绝缘层对油间隙击穿电压的影响

绝缘层与覆盖不同的是其厚度较大（有时甚至可达十几毫米），且承担一定比例的电压，可使油中电场强度减小。因此，它在工频和冲击电压下都有显著作用。在极不均匀电场中，对于电场集中的那一个电极加绝缘层，油间隙的耐电强度就会提高很多。绝缘层在变压器中应用于高压线圈首端及末端线饼的加强绝缘、静电环的绝缘以及引线绝缘等。

例如变压器引线与油箱壁之间的绝缘，若油隙为100mm，引线上加0.5mm的绝缘层时，击穿电压较裸电极时提高50%；引线上加3mm的绝缘层时，击穿电压较裸电极时提高100%；引线上加6mm的绝缘层时，击穿电压较裸电极时提高150%；引线上加10mm的绝缘层时，击穿电压较裸电极时提高200%等。

必须指出，如果在均匀电场中油间隙内存在一定厚度的固定绝缘层时，因为油间隙中的电场强度与介电系数成反比，故油中电场强度反而会提高。

3. 隔板对油间隙击穿电压的影响

下面在变压器油击穿强度的体积效应基础上，说明油间隙中加隔板后对击穿电压的影响。在变压器的线圈间插入隔板，即构成油-隔板结构形式。线圈间插板的目的是分隔油隙，即将大油隙分隔成小油隙，应用变压器油的体积效应，提高油的耐电强度，以及阻止局部放电的发展。

在极不均匀电场中，隔板的作用效果与隔板放置的位置有关。当隔板距针电极的间隙为电极间间距的15%～35%时，工频击穿电压比无隔板时提高200%～250%，电极间隙越大，屏蔽效果越好。

在均匀电场与稍不均匀电场中，隔板的作用主要是阻碍“小桥”的形成，对提高击穿电压的作用较小。隔板放置最有效的距离为距曲率半径较小电极为25%极间间距的地方，可使平均击穿电压提高不超过25%，但对最低击穿电压提高可达35%～50%。

在冲击电压下，隔板对均匀电场的作用不显著；对极不均匀电场，隔板位于曲率半径较小的电极附近时作用较好。

4. 变压油中沿固体介质表面放电

在油浸式变压器的绝缘结构中，由于采用液体和固体作为绝缘材料，产生了沿固体和液体分界面放电的可能性。尤其是线圈端部到铁轭之间的电场为不均匀电场，其电力线经过两种介质且斜入固体介质表面。因此，端部绝缘结构是滑闪型结构。当电力线与分界面平行时，随电极距离的增大，油中沿面闪络电压不断增高；当电力线与分界面斜交时，有较大的垂直于分界面的（法线）场强分量，闪络电压比电力线与分界面平行时低得多，这种现象与气体中沿面放电相似。电极间距离增大时，油中闪络电压值增加慢。如果减小固体介质厚度、表面比电容增大，电场法线分量就更大，滑闪更明显，闪络电压就更低。因此，对于在实际结构中常遇到的电极位于固体介质两侧时，为了确定边缘发生滑闪放电的电压，可利用经验公式 $u=18.8\delta^{0.43}$ 计算。公式中的 u 为放电电压，单位为kV；δ 为固体绝缘厚度，单位为mm。上式对 $\delta=3\sim4$ 的介质，精度较高，可用于变压器的绝缘设计。

3.3 绝缘事故的起因

变压器在运行过程中，受到各种电压的作用，发生绝缘事故时，说明其绝缘的耐受场强已小于作用场强，可造成变压器击穿、烧毁。造成运行中的变压器出现绝缘事故的主要因素如下：

1. 突发短路

短路事故是导致变压器绝缘事故发生的主要原因之一。根据国家标准GB 1094.5的规定，变压器进行短路试验的次数是3次，所以3次通过，变压器短路试验就合格了。但一些运行工况不良的变压器，可能会频繁遭受短路电流引发的电动力冲击，变形的累积效应最终也会导致变压绝缘损害。因此，通过短路试验考核的变压器并不表明其不会发生短路损坏事故。

变压器除承受短路的机械应力作用外，还承受了短路的热应力的作用。在外部发生短路时，绕组中的电能损耗近似于按照电流的平方成比例增加。由于电能损耗转化成的热量来不及散失，绕组的温升近似按绝热过程的规律上升，对导线的机械强度与匝绝缘的老化影响较大。为了控制突发短路时的热应力，相关国家标准规定，在短路持续时间2s后，对于A级绝缘的油浸式变压器，绝缘系统允许的最高温度为105℃，铜绕组的平均温度最大值为250℃，铝绕组的平均温度最大值为200℃。若短路时绕组的温度超过上述温度限值，绝缘材料可能老化，导致绝缘损伤。

2. 油流带电

大容量变压器一般都采用强迫油循环的冷却方式。因此变压器内部油的流速比油自然循环时的流速提高很多，这样带来的油流带电问题也是影响变压器安全运行的原因之一。

油流带电的实质是油和纸板发生相对运动时产生电荷分离。流动的变压器油与纸板摩擦，油纸表面的正电荷随油流动，负电荷留在了纸板表面，如图 3.1 所示。

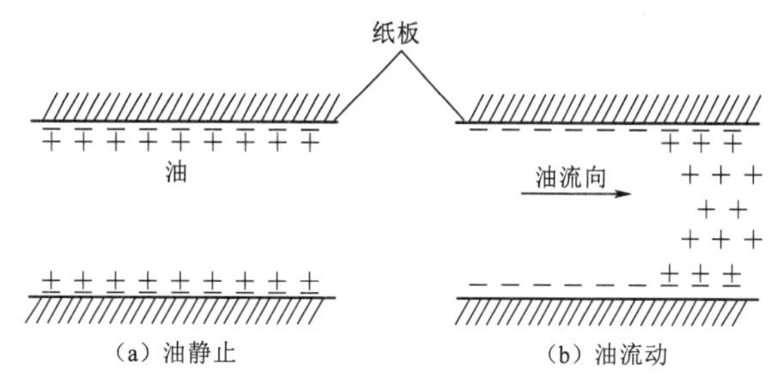

图 3.1 电荷分离示意图

如果电荷在绝缘中的某些部位发生积累现象，使得该部位的局部场强增加，局部放电起始电压降低。当电荷积累到一定程度，将会发生电荷的释放（放电），导致绝缘受损或击穿。

影响油流带电的因素主要有以下几个方面：①油流速度与流态；②油的种类与温度；③绝缘油路表面的几何状况；④高速油流区域的电场分布状况。

为了避免油流带电现象，应采取以下措施：

（1）保证冷却器全投时局部放电量满足要求。国家能源局《防止电力生产生产事故的二十五项重点要求》规定，对于 330kV 及以上电压等级强迫油循环变压器应在油泵全部开启时（除备用油泵）进行局部放电试验，并且高中端的局部放电量不大于 100pC。

（2）控制器身内部油流速度。国家能源局《防止电力生产生产事故的二十五项重点要求》规定，大型强迫油循环风冷变压器在设备选型阶段，除考虑满足容量要求外，应增加对冷却器组冷却风扇通流能力的要求，以防止大型变压器在高温大负荷运行条件下，冷却器全投造成变压器内部油流过快，使变压器油与内部绝缘部件摩擦产生静电，引起油中带电，发生变压器绝缘事故。

3.4 正常运行工况下的绝缘事故

正常运行工况下的绝缘事故是指变压器在正常运行过程中，由于受到水分、杂质及其他因素的影响，局部场强发生畸变，最终导致的绝缘事故或故障。正常运行工况下的绝缘事故大致可分为悬浮导体放电、金属异物放电、杂质放电以及绝缘受潮放电等。实际运行中也经常碰到此类绝缘事故，尤其是由异物导致的有载分接开关内部放电，更是屡见不鲜。

第4章 变压器短路故障

4.1 概　　述

短路故障是引起变压器损坏的主要原因之一，严重地影响着电力系统的可靠运行。尤其是随着电力系统的快速发展，各系统的短路视在容量越来越大，在变压器短路阻抗一定的条件下，变压器短路电流也就随之越来越大。另一方面，变压器的单台容量也在不断增大，相对于中小型变压器而言，大型变压器的短路强度问题更加突出。原因如下：

(1) 对于相同电压等级、相同运行方式的变压器，其短路阻抗百分数一般也相近，随变压器容量的增大，其短路阻抗有名值将成比例减小，结果将导致变压器的短路电流和相应的短路电磁力大大增加。

(2) 随变压器单台容量增大，其单位容量所对应的负载损耗将相应降低，这使得短路阻抗中的电阻分量值相对减小，短路电流中非周期分量冲击值变大。

《电力变压器　第5部分：承受短路的能力》(GB 1094.5) 规定了电力变压器在由外部短路引起的过电流作用下应无损伤的要求，明确了表征电力变压器承受这种过电流的耐热能力的计算程序和承受相应的动稳定能力的特殊试验和理论评估方法。

4.2 短路电流计算方法

4.2.1 具有两个独立绕组的变压器

对于具有两个独立绕组的变压器，相关标准将三相或三相组变压器的额定容量分为以下三个类别：

(1) 第Ⅰ类：25～2500kV·A。

(2) 第Ⅱ类：2501～100000kV·A。

(3) 第Ⅲ类：容量大于100000kV·A。

1. 静态短路电流计算

对于容量为第Ⅱ类和第Ⅲ类的变压器，其对称短路电流有效值的计算应该考虑变压器的短路阻抗和系统阻抗的影响。对于容量为第Ⅰ类的变压器，如果系统短路阻抗大于变压器短路阻抗的5%，则变压器对称短路电流有效值的计算方法与第Ⅱ类和第Ⅲ类变压器相同；如果系统短路阻抗不大于变压器短路阻抗的5%，则变压器对称短路电流有效值的计算中忽略系统短路阻抗的影响。

三相变压器对称短路电流有效值按式（4－1）进行计算：

$$I=\frac{u}{\sqrt{3}(Z_t+Z_S)} \tag{4-1}$$

$$Z_S=U_S^2/S$$

式中 I——对称短路电流有效值，kA；

u——所考虑绕组的额定电压（对于主分接）或所考虑绕组在相应分接的电压（对于其他分接），kV；

Z_S——系统阻抗，Ω/相（等效星形连接）；

U_S——系统标称电压，kV；

Z_t——变压器短路阻抗，Ω；

S——系统短路视在容量，MV・A。

当变压器使用部门对系统短路视在容量未提出特殊要求时，不同电压等级的系统短路视在容量见表 4.1。

表 4.1　　不同电压等级的系统短路视在容量

系统标称电压/kV	设备最高电压/kV	系统短路视在容量/(MV・A)	系统标称电压/kV	设备最高电压/kV	系统短路视在容量/(MV・A)
6、10、20	7.2、12、24	500	220	252	18000
35	40.5	1500	330	363	32000
66	72.5	5000	500	550	60000
110	126	9000	750	800	83500

Z_t 为折算到所考虑绕组的变压器短路阻抗，单位为 Ω/相（等效星形连接），按式（4－2）进行计算。

$$Z_t=\frac{z_t U_N^2}{100S_N} \tag{4-2}$$

式中 S_N——变压器的额定容量，MV・A；

z_t——折算到参考温度、额定电流和额定频率下的变压器短路阻抗，%。

表 4.2　　具有两个独立绕组变压器的最小短路阻抗

额定容量/(kV・A)	最小短路阻抗/%	额定容量/(kV・A)	最小短路阻抗/%
25～630	4.0	25001～40000	10.0
631～1250	5.0	40001～63000	11.0
1251～2500	6.0	63001～100000	12.5
2501～6300	7.0	>100000	>12.5
6301～25000	8.0		

主分接额定电流和额定频率下三相变压器最小短路阻抗的规定值见表 4.2。如果需要更低阻抗值的变压器，则意味着要提高变压器承受短路的能力，需要经过制造厂与使用部门的协商。

2. 非对称短路电流峰值的计算

在变压器短路以后，流经变压器绕组等载流部件的电流是逐渐衰减的非对称电流。理论计算与试验结果均表明，当在电压波形过零的瞬间发生短路时，瞬变（非对称）短路电流的第一个峰值最大，其峰值可以达到稳态（对称）短路电流有效值的$\sqrt{2}K$倍。一般将$\sqrt{2}K$称为非对称短路电流冲击系数。

瞬变短路电流的峰值按指数函数规律衰减，其衰减时间的长短，取决于时间常数 $T=L/R$（L 为变压器短路电感与系统电感之和，R 为变压器等效电阻与系统电阻之和）。通常变压器容量越大，其瞬变短路电流衰减的时间就越长。这就意味着变压器容量越大，在整个短路电流过渡的时间内，遭受非对称短路电流的作用时间也就越长。

由于变压器所受短路电磁力最大值的大小与非对称短路电流第一个峰值的二次方成正比，因此准确计算非对称短路电流第一个峰值，对计算短路电磁力的最大值具有十分重要的意义。

对于双绕组变压器，通常采用式（4-3）计算非对称短路电流的第一个峰值：

$$\hat{i}=\sqrt{2}KI \tag{4-3}$$

式中　$\hat{i}$——非对称短路电流峰值，kA；

I——对称短路电流峰值，kA，按式（4-1）计算；

$\sqrt{2}K$——非对称短路电流冲击系数，由 X/R 比值决定。

其中 $X=X_S+X_T$ 为系统电抗与变压器短路电抗之和，$R=R_S+R_T$ 为系统电阻与变压器等效电阻之和。

变压器容量越大、电压等级越高，比值 X/R 就越大。对不同的变压器，X/R 比值的范围可以从 1 到 60，甚至更大。有关标准中一般只给出了与 $X/R=1\sim14$ 相对应的$\sqrt{2}K$的值。

GB 1094.5 规定的相应于不同 X/R 比值的$\sqrt{2}K$ 的值见表 4.3。对于第Ⅰ类容量的变压器，当系统阻抗 Z_S 不大于变压器短路阻抗 Z_t 的 5%时，可以忽略系统电抗与系统电阻对 X/R 比值的影响，且可以用变压器阻抗电压的无功分量 U_X 和有功分量 U_R 分别代替变压器短路电抗 X_T 和等效电阻 R_T。

表 4.3　　短路电流冲击系数$\sqrt{2}K$ 的值

X/R	1.5	2.0	3.0	4.0	5.0	6.0	8.0	10.0	14.0
$\sqrt{2}K$	1.64	1.76	1.95	2.09	2.19	2.27	2.38	2.46	2.55

注　当 X/R 比值为 1～14 之间的其他数值时，可按线性插值方法确定$\sqrt{2}K$ 的值。

对于大型变压器而言，考虑到系统的特性，相应的冲击电流系数可以达到 2.7～2.75。

鉴于上述理由，标准 GB 1094.5 中规定，当 $X/R\leqslant14.0$ 时，根据 X/R 的值，由表 4.3 确定短路电流冲击系数$\sqrt{2}K$ 的值。当 $X/R>14.0$ 时，对于第Ⅱ类变压器，仍然取$\sqrt{2}K=\sqrt{2}\times1.8=2.55$；对于第Ⅲ类变压器，取$\sqrt{2}K=\sqrt{2}\times1.9=2.69$，与$\sqrt{2}K=2.55$ 的值相比，非对称短路电流的第一个峰值增大约 5%，而短路电磁力增大约 10%。

4.2.2 其他变压器

(1) 多绕组变压器和自耦变压器。多绕组变压器和自耦变压器的各绕组(包括自耦变压器第三绕组)中的过电流,应该由各种可能故障形式所对应的工况下变压器短路阻抗和相应系统的阻抗来决定。为了准确计算绕组中的短路电流,用户应该提供相应变压器各电压等级系统的短路视在容量值以及系统的零序阻抗与正序阻抗的比值范围。

(2) 三相变压器。对于三相变压器中三角形连接的稳定绕组,由于其在变压器内部连接成三角形而不存在引出端子,故没有三相外部短路的可能性。这种情况下,稳定绕组中的过电流应该由其他绕组三相不对称短路(如单相对地短路)和系统及变压器的接地条件所决定。对于由单相变压器组成的三相组之间三角形连接的稳定绕组,由于在各单相变压器之间存在外部连线,除非使用部门已明确采取特别保护措施来避免相间短路,稳定绕组中的过电流应该由其端子之间的三相短路电流所决定。

4.3 变压器承受短路能力热稳定要求

变压器在短路过程中,由于短路电流的增大而使得变压器内部的负载损耗急剧增加,导致内部载流部件的温度在短时间内上升得很高,从而有可能损坏各种部件及其绝缘。变压器承受短路的耐热能力应根据计算进行验证。

1. 承受短路的时间

GB 1094.5 规定,除另有规定,用于计算承受短路耐热能力的变压器对称短路电流的持续时间为 2s。对于自耦变压器和短路电流超过 25 倍额定电流的变压器,经制造厂与使用部门协商后,用于计算承受短路耐热能力的变压器对称短路电流的持续时间可以小于 2s。

2. 绕组最高平均温度的限值及计算

(1) 绕组起始温度 θ_0 的规定。GB 1094.5 规定,绕组的起始温度 θ_0 为变压器运行现场的最高环境温度与在额定条件下用电阻法测量得到的绕组平均温升之和。如果测出的绕组温升不适用时,则绕组起始温度 θ_0 应为最高允许环境温度与绕组绝缘系统所允许温升之和。

(2) 绕组最高平均温度 θ_2 的限值。对油浸式变压器,GB 1094.5 规定,以绕组起始温度 θ_0 为基础,按式 (4-1) 计算稳态短路电流,在上述规定的短路电流持续时间内,变压器任意分接位置的绕组平均温度 θ_2 不许超过表 4.4 的规定。

表 4.4　　短路后绕组平均温度的最大允许值 θ_2

变压器类型	绝缘耐热等级	绕组平均温度最大允许值 θ_2/℃	
		铜导体	铝导体
油浸式	A	250	200

(3) 短路后绕组"实际"平均温度 θ_1 的计算。变压器在额定运行条件下突发短路时,由于短路时间很短(小于 2s),认为热量来不及散入绕组四周的介质中,在此期间内所产生的损耗都用于提高绕组导体本身的温度。变压器短路 t_s 后的绕组最高平均温度 θ_1 如下。

1) 对于铜绕组:

$$\theta_1=\theta_0+\frac{2\times(\theta_0+235)}{\frac{106000}{J^2t}-1} \tag{4-4}$$

2）对于铝绕组：

$$\theta_1=\theta_0+\frac{2\times(\theta_0+225)}{\frac{45700}{J^2t}-1} \tag{4-5}$$

式中　θ_1——短路 ts 后绕组的最高平均温度，℃；

θ_0——绕组的起始温度，℃；

J——根据式（4-1）计算的稳态短路电流和绕组导线截面积计算的绕组短路电流密度，A/mm^2；

t——本节第 1 条规定的稳态短路电流持续时间，s。

4.4　类似变压器的确定

如果一台变压器与另一台被当作参考变压器的下列特征相同，则该台变压器被看作与参考变压器相类似：

（1）运行方式相同，如发电机升压变压器、配电变压器、联络变压器等。

（2）设计结构相同，如干式、油浸式、心式、交叠式、壳式等。

（3）主要绕组的排列和几何分区顺序相同。

（4）绕组导线材质相同，如铜线、铝线、扁线、普通换位线、自粘换位线等。

（5）主要绕组类型相同，如螺旋式、连续式、层式、饼式等。

（6）短路时吸取的容量（额定容量/阻抗电压标么值）为相似变压器容量的 30%～130%。

（7）短路时绕组的轴向力和导线应力（实际应力与临界应力之比）不超过相似变压器相应值的 110%。

（8）制造工艺过程相同。

（9）固定和支撑方式相同。

4.5　变压器承受短路能力的动稳定能力试验

1. 短路试验次数

国家标准 GB 1094.5 规定的变压器短路试验次数如下：对第Ⅰ类和第Ⅱ类容量的单相变压器进行 3 次试验，通常在最高电压比分接、主分接和最小电压比分接各进行 1 次；对第Ⅰ类和第Ⅱ类容量的三相变压器进行 9 次试验（每相 3 次），通常在一个旁侧柱上绕组的最高电压比分接下进行 3 次试验，另一个旁侧柱上绕组的最小电压比分接下进行 3 次试验，中间柱上绕组的主分接下进行 3 次试验。

对于第Ⅲ类容量变压器的短路试验次数，需由制造厂和使用部门协商决定，也可以与第Ⅰ类和第Ⅱ类变压器相同。

2. 短路试验持续时间

GB 1094.5 规定的每次短路试验持续时间如下：第Ⅰ类容量变压器为 0.5s，第Ⅱ类和第Ⅲ类容量变压器为 0.25s。为了避免各次试验造成的温度累积效应，应该由制造厂和使用部门协商确定一个各次试验之间的间隔时间。对第Ⅰ类变压器还要考虑由于试验时的温度上升所造成的 X/R 系数的变化而应该在线路上采取补偿措施。

此外，在试验中应尽可能消除变压器剩磁和励磁涌流对非对称短路电流峰值的影响。

3. 试验合格与否的判断

GB 1094.5 对变压器短路试验合格与否的判断规定了比较严格的标准，不能只凭电压、电流示波图与短路电抗值无明显变化而不做吊芯检查和最后复试就做出试验合格的结论。

（1）对于第Ⅰ类、Ⅱ类变压器。除非协议另有规定，应该将变压器吊芯，检查铁芯和绕组，并与试验前的状态进行比较，以便发现可能的表面缺陷，例如，引线位置的移动等。

需要重复全部例行试验，包括在 100%规定电压下的绝缘试验。如果规定了做雷电冲击试验（短路试验前的出厂试验中可以不包括雷电冲击试验），也应在此阶段进行。但是，对于第Ⅰ类变压器，除绝缘试验外，其他重复例行试验可以不做。

如果满足下面条件，则认为变压器短路试验合格。

1）根据短路试验结果以及短路试验期间的各种测量和检查没有发现任何故障痕迹。

2）重复的绝缘试验以及其他例行试验全部合格，雷电冲击试验（如果有的话）也合格。

3）吊芯检查没有发现诸如部件位移、铁芯片移动、绕组及其引线和支撑结构变形等缺陷；或虽然发现缺陷，但缺陷程度不明显，不至于危及变压器的安全运行。

4）没有发现内部放电的痕迹。

5）试验结束后，以欧姆表示的每相电抗值与原始值之差规定如下：

a. 对于具有圆形同心式线圈（包括所有绕在圆柱体上的线圈）和交叠式的非圆形线圈变压器，试验前后短路电抗测量值的偏差不大于 2%。但是对于低压绕组是用金属箔绕制且额定容量为 10000kV·A 及以下的变压器，如果其短路阻抗为 3%及以上，则试验前后短路电抗测量值偏差可以取不大于 4%的值。如果短路阻抗小于 3%，经过制造厂与使用部门协商，试验前后短路电抗测量值的偏差可以大于 4%。

b. 对于具有非圆形同心式线圈变压器，其短路阻抗为 3%或以上时，试验前后短路电抗测量值偏差不大于 7.5%；经制造厂与使用部门协商，试验前后短路电抗测量值偏差 7.5%的值可以降低，但不低于 4%。对于短路阻抗小于 3%的非圆形同心式线圈变压器，其试验前后短路电抗的变化不能用普通方法加以规定。经验表明，某些结构的变压器试验前后短路电抗的变化达到 $(22.5\sim5Z_t)\%$ 时仍然是可以接受的，其中 Z_t 是以百分数表示的变压器短路阻抗值。

（2）对于第Ⅲ类变压器。应将变压器吊芯，检查铁芯和绕组，并与试验前的状态相比较，以便能够发现可能的表面缺陷，如引线位置的变化位移等。尽管这些变化不妨碍通过例行试验，但可能会危及变压器的安全运行。需要重复全部例行试验，包括在 100%规定电压下的绝缘试验。如果规定了做雷电冲击试验（短路试验前的出厂试验中可以不包括雷电冲击试验)，也应在此阶段进行。判断试验合格的前4条判断标准与第Ⅰ类、Ⅱ类变压器完全相同，第5条更严格，要求以欧姆表示的每相电抗值与原始值之差不大1%。如果试验前后电抗变化范围为1%～2%，应经用户与制造厂协商一致后方可验收。此时，可能要求做更详细的检查，必要时还要拆卸变压器，以确定其异常的原因，但在变压器拆卸前应该补充一些测量判断方法，例如，绕组电阻测量、低压冲击试验（对试验前后分别录取的示波图进行比较)、频谱响应分析、传递函数分析、空载电流测量以及试验前后溶解气体分析等。

4. 多绕组变压器和自耦变压器的短路试验

对于多绕组变压器和自耦变压器，由于结构和接线复杂，要根据对各种可能故障的分析来决定试验接线。而各种试验的组合、试验电流值、试验方法和试验次数都要由制造厂和使用部门共同协商确定。

4.6　短路时机械力的一般特性

4.6.1　短路电动力的方向

计算电动力的基本公式为

$$\dot{F}=\dot{I}\dot{L}\times\dot{B} \tag{4-6}$$

式中　$\dot{F}$——电磁力，N；

$\dot{I}$——导线中电流，A；

$\dot{B}$——磁通密度，T；

$\dot{L}$——绕组导线长度，m。

假设垂直纸面为电流方向，则任一点的漏磁密度都可分解为辐向分量 B_x 和轴向分量 B_y。由式（4-6）可知，轴向漏磁产生辐向力，辐向漏磁产生轴向力，如图4.1所示。

对于实际绕组，由轴向漏磁产生的辐向力如图4.2所示。

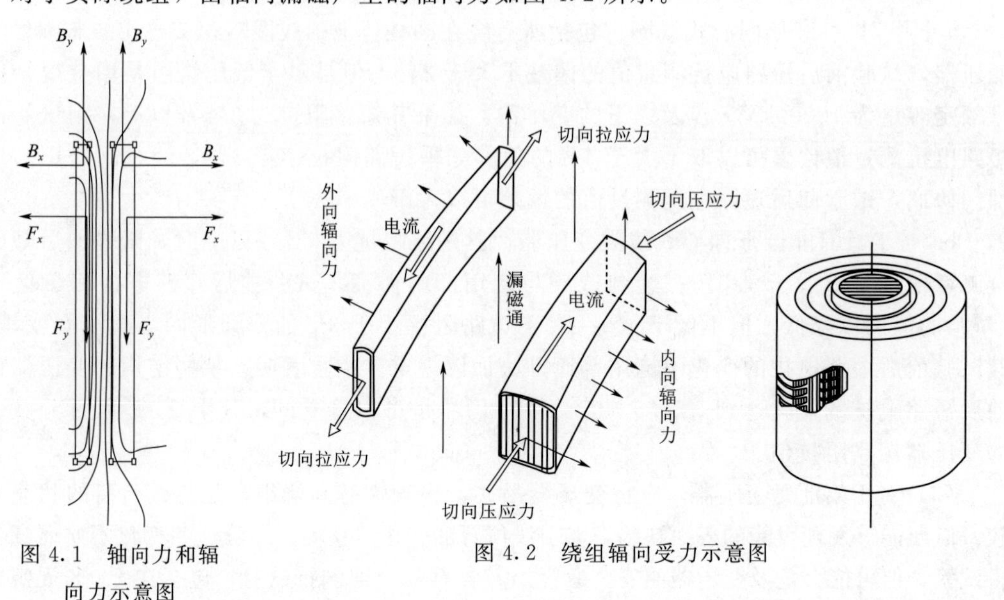

图4.1　轴向力和辐向力示意图

图4.2　绕组辐向受力示意图

绕组辐向受力示意图如图 4.3 所示。由图 4.3 可知，对于一对绕组，内侧绕组受到辐向压缩力，导致绕组向内收缩和线匝收紧；外侧绕组受到向外的张力，导致绕组向外扩张和线匝松散。

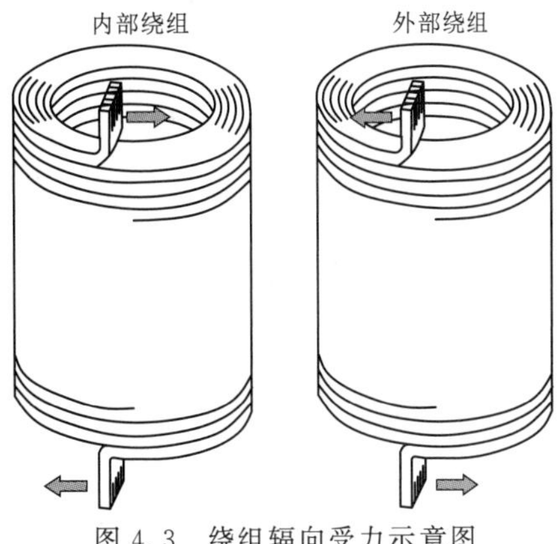

图 4.3 绕组辐向受力示意图

对于实际绕组，由辐向漏磁产生的轴向力如图 4.4 所示。

由图 4.4 可知，轴向绕组端部辐向漏磁产生对内外绕组方向相同的指向绕组中部的轴向力，绕组中部局部油道放大产生的轴向漏磁通对内侧绕组产生指向绕组中部的力，对油道放大的外侧绕组产生由中部指向两侧端部的力。

上述三种受力模式导致的变压器绕组机械变形在实际变压器状态评估过程经常碰到。

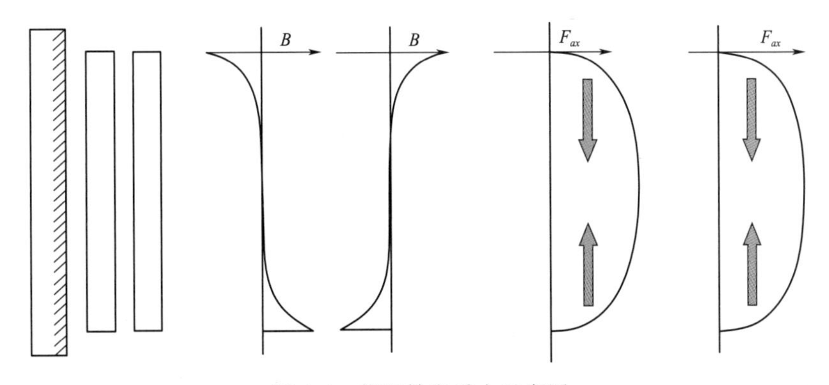

图 4.4 绕组轴向受力示意图

4.6.2 短路电动力的大小

短路绕组中的平均环形（辐向）应力为

$$\sigma_{avg}=4.74(K\sqrt{2})^2\frac{P_R}{H_K(Z_K\%)^2}(\text{N/m}^2) \tag{4-7}$$

式中，P_R 的单位为 W，H_K 的单位为 m。需要特别注意的是 P_R 不是前几章通常所述等效损耗，而是折算到 75℃的直流电阻损耗 I^2R。实际应用中，只需掌握变压器绕组直流电阻、阻抗电压等基本参数，非对称系数 K 按 1.8 选择，即可非常方便地进行计算。式（4-7）是针对铜导线计算得出的，若绕组材质为铝导线，则应用式（4-8）计算：

$$\sigma_{avg}=2.86(K\sqrt{2})^2\frac{P_R}{H_K(Z_K\%)^2}(\text{N/m}^2) \tag{4-8}$$

短路绕组中作用于内侧绕组与外侧绕组的总的轴向力为（非对称系数 K 取 1.8）：

$$F_a=\frac{50.8S}{Z_K\%\times H_K f} \tag{4-9}$$

式中　S——每个铁芯柱的额定容量，kV·A。

4.6.3　短路损坏故障特征

在遭受短路冲击时，对于非分裂绕组结构的电力变压器，一方面由于辐向漏磁小于轴向漏磁，因此辐向电动力占主导地位，由于电源侧绕组与短路侧绕组瞬时电流方向近似相反，外侧绕组受张力，内侧绕组受斥力，该电动力总是试图使绕组间的主漏磁空道面积增大；另一方面中、低压绕组额定电流通常是高压绕组的数倍，因此在短路状态下，中、低压绕组承受的电磁力为高压绕组承受电动力的数十倍到数百倍，而高压、中压和低压绕组的屈服强度 $R_{p0.2}$ 的差别一般不大于100％，使得绕组遭受短路冲击时，多数为中、低压绕组强制变形或自由变形，从而导致包含变形绕组的绕组对短路电抗发生变化。

第5章 现场常规试验

变压器试验的目的是验证变压器性能是否符合有关标准和技术条件的规定，是否存在影响运行的各种缺陷（如短路、断路、放电、变形、局部过热等）；另外，通过对试验数据的分析，从中找出改进设计、提高工艺的途径。本章主要对与变压器现场状态评估密切相关的试验进行介绍，型式试验、特殊试验不在本章讨论范围之内。

5.1 绝缘电阻及吸收比试验

5.1.1 绝缘电阻试验使用范围

绝缘电阻试验是电气设备绝缘试验中一种最简单、最常用的试验方法。当电气设备绝缘受潮、表面脏污、留有表面放电或击穿痕迹时，其绝缘电阻会显著下降。根据绝缘等级的不同、测试要求的区别，常采用的兆欧表输出电压有 100V、250V、500V、1000V、2500V、5000V、10000V 等。由于绝缘电阻试验所施加的电压较低，对于一些集中性缺陷，可能会出现很严重的缺陷，但在测量时仍然显示绝缘电阻很大的现象，因此绝缘电阻试验只适用于检测贯穿性缺陷和普遍性缺陷。

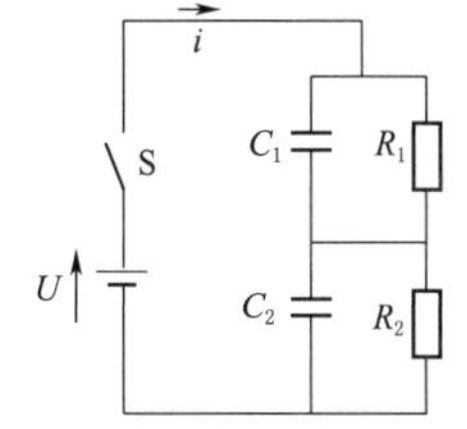

图 5.1 双层电介质的一个简化等值电路图

5.1.2 绝缘电阻试验的主要参数及技术指标

电气设备的绝缘不能等值为单纯的电阻，其等值电路往往是电阻电容的混合电路。很多电气设备的绝缘都是多层的，例如电机绝缘中用的云母带，变压器等绝缘中用的油和纸等，因此在绝缘试验中测得的并不是一个纯电阻。图 5.1 所示为双层电介质的一个简化等值电路。

5.1.3 吸收曲线及绝缘电阻变化曲线

当合上开关 S 将直流电压 U 加到绝缘上后，等值电路中电流 i 的变化如图 5.2 中曲线所示。开始电流很大，以后逐渐减小，最后趋近于一个常数 I_g；这个过程的快慢，与绝缘试品的电容量有关，电容量越大，持续的时间越长，甚至达数分钟或更长时间。图 5.2 中曲线 i 和稳态电流 I_g 之间的面积为绝缘在充电过程中从电源“吸收”的电荷 Q_a。这种逐渐“吸收”电荷的现象就叫作“吸收现象”。

从图 5.2 曲线可以看出，在绝缘电阻试验中，所测绝缘电阻是随测量时间变化而变化的，只有当 $t=\infty$时，其测量值为 $R=R_\infty$。但在绝缘电阻试验中，特别是电容量较大时，

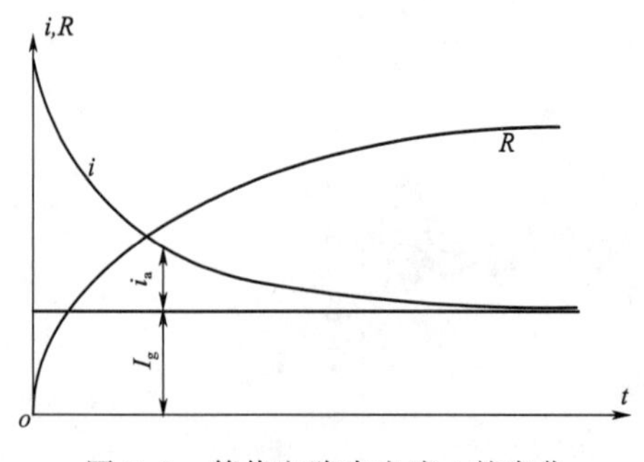

图 5.2　等值电路中电流 i 的变化

很难测量 R_∞ 的值，因此，在实际试验中，规程规定，只需测量 60s 时的绝缘电阻值，即 R_{60s} 的值。当电容量特别大时，吸收现象特别明显。

对于不均匀的绝缘试品，如果绝缘状况良好，则吸收现象明显，如果绝缘受潮严重或内部有集中性的导电通道，这一现象更为明显。工程上用“吸收比”来反映这一特性，吸收比一般用 K 表示，其定义为

$$K=R_{60s}/R_{15s} \tag{5-1}$$

式中　R_{60s}——$t=60s$ 时测得绝缘电阻值；

R_{15s}——$t=15s$ 时测得的绝缘电阻值。

对于电容量较大的绝缘试品，K 可采用下式表示：

$$K=R_{10min}/R_{1min} \tag{5-2}$$

式中　R_{10min}——$t=10min$ 时测得的绝缘电阻值；

R_{1min}——$t=1min$ 时测得的绝缘电阻值。

K 在工程上称为极化指数。

当绝缘状况良好时，K 值较大，其值远大于 1；当绝缘受潮时，K 值将变小，一般认为如 $K<1.3$ 时，就可判断绝缘可能受潮。由上述分析可知，对电容量较小的绝缘试品，可以只测量其绝缘电阻，对于电容量较大的绝缘试品，不仅要测量其绝缘电阻，还要测量其吸收比。

5.1.4　影响测试绝缘电阻的主要因素

（1）湿度。随着周围环境的变化，电气设备绝缘的吸湿程度也随着发生变化。当空气相对湿度增大时，由于毛细管作用，绝缘物（特别是极性纤维所构成的材料）将吸收较多的水分，使电导率增加，降低绝缘电阻的数值，尤其是对表面泄漏电流的影响更大。

（2）温度。电气设备的绝缘电阻随温度变化而变化，其变化的程度随绝缘的种类而异。吸湿性较强的材料，受温度影响较大。一般情况下，绝缘电阻随温度升高而减小。这是因为温度升高时，加速了电介质内部离子的运动，同时绝缘内的水分，在低温时与绝缘物结合得较紧密。当温度升高时，在电场作用下水分即向两极伸长，这样在纤维质中，呈细长线状的水分粒子伸长，使其电导增加。此外，水分中含有溶解的杂质或绝缘物内含有盐类、酸性物质，也使电导增加，从而降低了绝缘电阻。

由于温度对绝缘电阻值有很大影响，而每次测量又不能在完全相同的温度下进行，所以为了比较试验结果，我国有关技术人员曾提出过采用温度换算系数的问题，但由于影响温度换算的因素很多，如设备中所用的绝缘材料特性、设备的新旧、干燥程度、测温方法等，所以很难规定准确的换算系数。目前我国规定了一定温度下的标准数值，希望尽可能在相近温度下进行测试，以减少由于温度换算引起的误差。

（3）表面脏污和受潮。由于被试物的表面脏污或受潮会使其表面电阻率大大降低，绝

缘电阻将明显下降。必须设法消除表面泄漏电流的影响，以获得正确的测量结果。

（4）被试设备剩余电荷。对有剩余电荷的被试设备进行试验时，会出现虚假现象，由于剩余电荷的存在会使测量数据虚假地增大或减小。

有关标准要求在试验前先充分放电 10min。图 5.3 示出了不同放电时间后，绝缘电阻与加压时间的关系。剩余电荷的影响还与试品容量有关，若试品容量较小时，这种影响就小得多了。

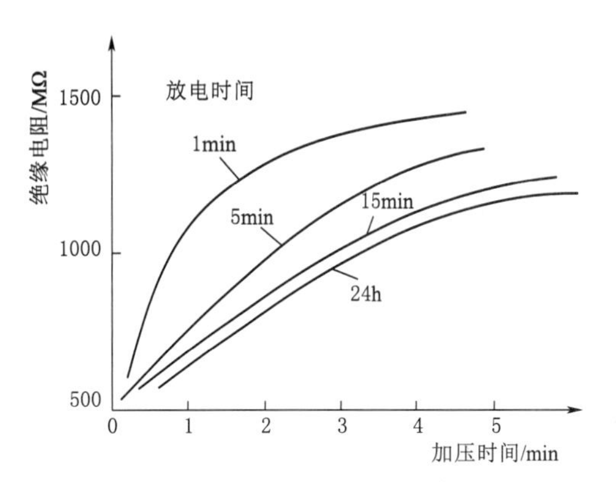

图 5.3　不同的放电时间后绝缘电阻与加压时间的关系曲线

（5）兆欧表容量。实测表明，兆欧表的容量对绝缘电阻、吸收比和极化指数的测量结果都有一定的影响。兆欧表容量越大越好。推荐选用最大输出电流 1mA 及以上的兆欧表，这样可以得到较准确测量结果。

5.1.5　测量结果分析

变压器的绝缘电阻允许值，参见有关规程规定。将所测得的结果与有关数据比较，这是对试验结果进行分析判断的重要方法。通常用来作为比较的数据包括同一变压器出厂试验数据、耐压前后数据等。如发现异常，应立即查明原因或辅以其他测试结果进行综合分析、判断。变压器的绝缘电阻不仅与其绝缘材料的电阻系数成正比，而且还与其尺寸有关。可用式（5-3）表示：

$$R=\rho\frac{L}{S} \tag{5-3}$$

同一工厂生产的两台电压等级完全相同的变压器，绕组间的距离 L 应该大致相等，其中的绝缘材料也应该相同，但若它们的容量不同，则会使绕组表面积 S 不同，容量大者 S 大。这样它们的绝缘电阻就不相同，容量大者绝缘电阻小。即使是同一电压等级的设备，简单地规定绝缘电阻允许值是不合理的，而应采用科学的“比较”方法，因此在规程中一般不具体规定绝缘电阻的数，而强调“比较”，或仅规定吸收比与极化指数等指标。

测量极化指数时，加压时间较长，用手摇兆欧表很难控制转速稳定，一般采用电动兆欧表测量。测定的电介质吸收比率与温度无关，变压器的极化指数一般应大于 1.5，绝缘较好时其值可达 3～4。

5.2　介质损耗因数试验

电介质就是绝缘材料。当研究绝缘物质在电场作用下所发生的物理现象时，把绝缘物质称为电介质。而从材料的使用观点出发，希望绝缘材料的绝缘电阻越高越好，即泄漏电流越小越好。任何绝缘材料在电压作用下，总会流过一定的电流，所以都有能量损耗。把在电压作用下电介质中产生的一切损耗称为介质损耗或介质损失。

如果电介质损耗很大，会使电介质温度升高，促使材料发生老化（发脆、分解等），如果介质温度不断上升，甚至会把电介质熔化、烧焦，丧失绝缘能力，导致热击穿。因此介质损耗是衡量绝缘介质电性能的一项重要指标。

当绝缘物上加交流电压时，可以把介质看成为一个电阻和电容并联组成的等值电路，如图5.4（a）所示。根据等值电路可以画出电流和电压的相量图，如图5.4（b）所示。

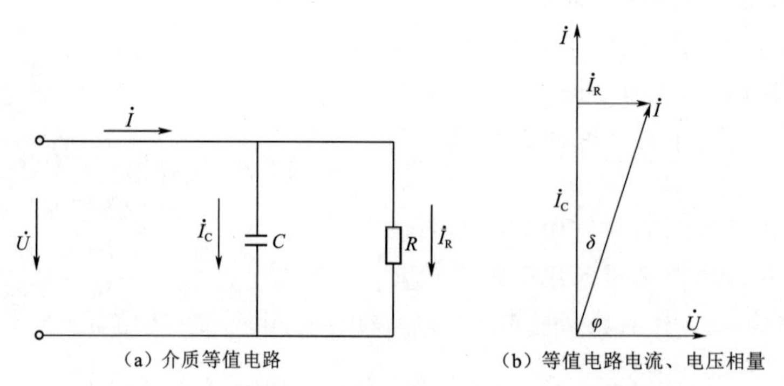

图5.4　在绝缘物上加交流电压时的等值电路及相量图

由相量图5.4（b）可知，介质损耗由 $\dot{I}_R$ 产生，夹角 δ 大时，$\dot{I}_R$ 就越大，故称 δ 为介质损失角，其正切值为

$$\tan\delta=\frac{I_R}{I_C}=\frac{U/R}{U\omega C}=\frac{1}{\omega CR} \tag{5-4}$$

介质损耗为

$$P=\frac{U^2}{R}=U^2\omega C\tan\delta \tag{5-5}$$

由此可见，当 U、f、C 一定时，P 正比于 $\tan\delta$，所以用 $\tan\delta$ 来表征介质损耗。

测量的 $\tan\delta$ 灵敏度较高，可以发现绝缘的整体受潮、劣化、变质及小体积设备的局部缺陷。

5.2.1　介质损失角正切值的测量原理

介质损耗角正切值的测量方法很多，从原理上来分，可分为平衡测量法和角差测量法两类。传统的测量方法为平衡测量法，即高压西林电桥法。由于技术的发展和检测手段的不断完善，角差测量法使用得越来越普遍。

1. 平衡测量法

当绝缘受潮、老化时，有功电流将增大，$\tan\delta$ 也增大。通过测 $\tan\delta$ 可以反映出绝缘的分布性缺陷。如果缺陷是集中性的，有时测 $\tan\delta$ 就不灵敏，这是因为集中性缺陷为局部的，可以把介质分为有缺陷和无缺陷的两部分；无缺陷的部分为 R_1 和 C_1 的并联；有缺陷部分为 R_2 和 C_2 的并联。则有

$$P=P_1+P_2$$

$$\omega CU^2\tan\delta=\omega C_1U^2\tan\delta_1+\omega C_2U^2\tan\delta_2$$

$$\tan\delta=\frac{C_1}{C}\tan\delta_1+\frac{C_2}{C}\tan\delta_2$$

当有缺陷部分占的比例很小时，$\frac{C_2}{C}\tan\delta_2$ 就很小，所以测整体 $\tan\delta$ 的时候就不易发现局部缺陷。

《电力设备预防性试验规程》（DL/T 596—2021）规定，对电机、电缆等绝缘，因为缺陷的集中性及体积较大，通常不做此项试验；而对套管、电力变压器、互感器、电容器等则做此项试验。

我国目前使用的测 $\tan\delta$ 试验装置主要是西林电桥。QS1 型西林电桥原理接线如图 5.5 所示。在图 5.5 中，调节 R_3、C_4 使电桥达到平衡时，应满足：

$$Y_xY_4=Y_3Y_N \tag{5-6}$$

式中　Y_x、Y_4、Y_3、Y_N——各桥臂的导纳。

即

$$\left(\frac{1}{R_x}+j\omega C_x\right)\left(\frac{1}{R_4}+j\omega C_4\right)=\frac{1}{R_3}\times j\omega C_N$$

解此方程，实部、虚部分别相等，可得

$$\tan\delta=\frac{1}{\omega C_xR_x}=\omega C_4R_4 \tag{5-7}$$

$$C_x=\frac{R_4}{R_3}C_N\frac{1}{1+\tan^2\delta} \tag{5-8}$$

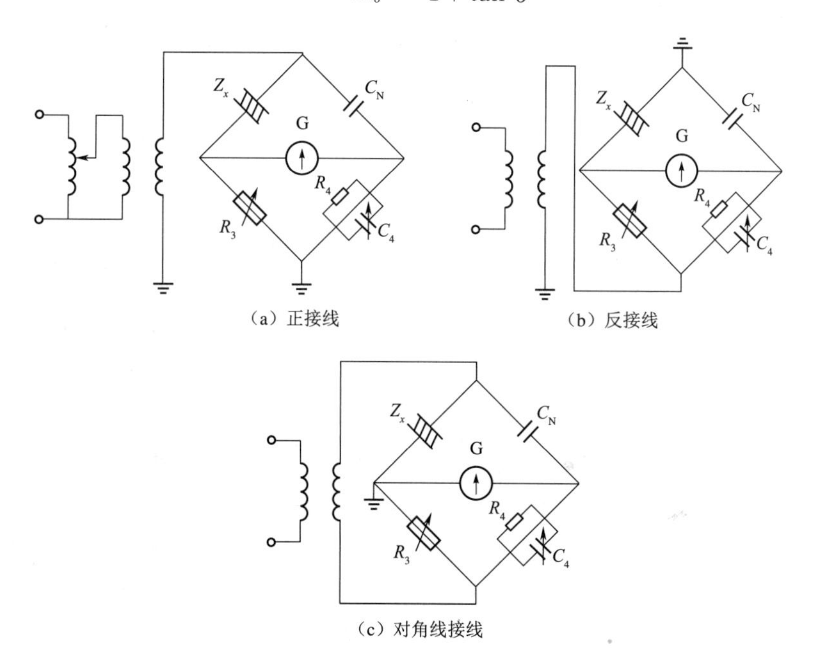

图 5.5　QS1 型西林电桥原理接线图

Z_x—被测绝缘阻抗；C_N—标准电容；R_3—可变电阻；C_4—可变电容；R_4—固定电阻；G—检流计

当 $\tan\delta < 0.1$，误差允许不大于 1%时，式（5.9）可改写为

$$C_x = C_N \frac{R_4}{R_3} \tag{5-9}$$

高压西林电桥是用于工频高压试验，于是 $\omega = 2\pi f = 100\pi$ 是固定的；同时电桥中的 R_4 取 $\frac{10^4}{\pi}\Omega$，也是固定的。这时，$\tan\delta = \omega R_4 C_4 = KC_4 \times 10^6$。
式中 C_4 的单位是 F，$K = F - 1$，若 C_4 以 μF 计则上式可写为

$$\tan\delta = KC_4 \tag{5-10}$$

于是 C_4 就可以直接分度为 $\tan\delta$，在西林电桥上 $\tan\delta$ 是可直读的。C_x 是按 R_3 的读数，通过式（5-10）计算得出。C_N 一般都用 100pF，个别也有用 50pF 或 1000pF，但都是固定已知值。

高压西林电桥的高压桥臂的阻抗比对应的低压臂阻抗大得多，所以电桥上施加的电压绝大部分都降落在高压桥臂上，只要把试品和标准电容器放在高压保护区，用屏蔽线从其低压端连接到低压桥臂上，则在低压桥臂上调节 R_3 和 C_4 就很安全，而且测量准确度较高。但是，这种方法要求被试品高低压端均对地绝缘。

图 5.5 中（a）所示正接线用于两极对地绝缘的设备，用于试验室或绕组间测 $\tan\delta$。图 5.5（b）所示反接线用于现场被试设备为一极接地的设备，要求电桥有足够的绝缘。由于 R_3 和 C_4 处于高电位，为保证操作的安全，应采取一定的措施。一个办法是将电桥本体放在绝缘台上（操作者也在绝缘台上）或放在一个叫法拉第笼的金属笼里对地绝缘起来，使操作者与 R_3、C_4 处于等电位；另一种办法是人通过绝缘连杆去调节 R_3、C_4。现场试验通常采用反接线试验方法。图 5.5（c）所示对角线接线用于被试设备为一极接地的设备且电桥没有足够的绝缘。

2. 角差测量法

测量 $\tan\delta$ 时，由于介质损耗角很小，直接测量其角差很困难，因此过去传统的测量方法是平衡测量法。随着技术的进步及元器件的发展，可以通过直接测量电压和电流的角差来测量 $\tan\delta$，即角差法测量 $\tan\delta$。这种方法免去了平衡测量法中需要调节平衡的烦琐，大大减少了试验的工作量。角差法测量方法很多，图 5.6 所示为角差测量法（非平衡法）测量 $\tan\delta$ 原理接线示意图。

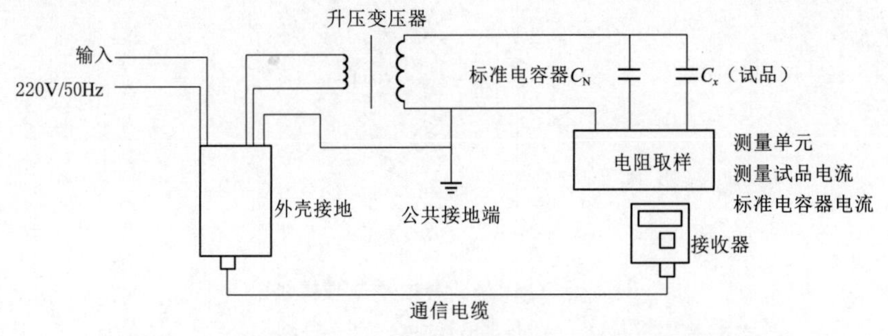

图 5.6　角差测量法（非平衡法）测量 $\tan\delta$ 原理接线示意图

如图 5.6 所示，测量 $\tan\delta$ 实际上就是测量流过试品容性电流与全电流的相角差，在试验时同时测量流过标准电容器电流（其相角与流过试品的容性电流的相角一致）和流过试品的电流（全电流），这样可测得到二者之间的相角差，从而可以计算出 $\tan\delta$ 的数值。采样电阻是无感精密电阻。测量回路将电流信号变为数字信号，通过傅立叶变换能精确稳定地测量畸变波形的相位差，但测量精度完全由高速高精度器件和计算处理的精度决定。考虑到正、反接线及高低压隔离问题，数据传输需通过光纤传输或将数据转换为红外光并发送到接收器来进行隔离。

5.2.2　介质损耗因数试验干扰措施

1. 平衡测量法

在现场进行测量时，试品和桥体往往处于周围带电部分的电场作用范围之内，虽然电桥本体及连接线采用了屏蔽措施，但试品无法做到全屏蔽。这时干扰就会通过试品高压极的杂散电容产生干扰，影响测量结果。为了消除或减少由电场干扰引起的误差，采用平衡法测量时可以采用如下措施：

（1）加设屏蔽。当试品体积不大时，可用金属屏蔽罩或网将试品与干扰源隔开，可以减少测量误差。

（2）采用移相电源。由于干扰源的相位一般是无法改变的，因此可以通过改变电源的相位，使得电源的相位和干扰的相位同相或反相，来达到消除或减少同频率干扰的目的。

（3）倒相法。测量时将电源正接和倒相各测量一次，测得两组结果 $\tan\delta_1$、C_1 和 $\tan\delta_2$、C_2，然后通过式（5-11）和式（5-12）计算求得 $\tan\delta$ 和 C：

$$\tan\delta=\frac{C_1\tan\delta_1+C_2\tan\delta_2}{C_1+C_2} \tag{5-11}$$

$$C=\frac{C_1+C_2}{2} \tag{5-12}$$

2. 非平衡测量法

采用非平衡法测量时，可采用如下措施：

（1）采用异频电源。由于干扰的频率一般为工频或工频的谐波，因此，可将输入电源整流成直流后通过开关逆变电路逆变为异于工频的正弦波，避开干扰的频率范围，这样可大大提高测量精度。这种方法在非平衡法测量中使用较多，而且抗干扰的效果较好。

（2）补偿法。通过计算机数据处理，将测量数据进行补偿，使得测量波形为不畸变的正弦波形后，计算得到 $\tan\delta$ 和 C。

5.2.3　介质损耗试验影响测试的主要因素及分析判断

1. 影响因素

（1）温度的影响。为了比较试验结果，对同一设备在不同温度下的变化必须将结果归算到一个固定的基准温度，一般归算到 20℃。

（2）湿度的影响。在不同的湿度下测得的值也是有差别的，应在空气相对湿度小于

80%下进行试验。

(3) 绝缘的清洁度和表面泄漏电流的影响。这可以用清洁和干燥表面来将损失减到最小，也可采用涂硅油等办法来消除这种影响。

2. 分析

(1) 和规程的要求值作比较。

(2) 对逐年的试验结果应进行比较，在两个试验间隔之间的试验测量值不应该有显著的增加或降低。

(3) 当测量值未超过规定值时，可以补充电容量来分析，电容量不应该有明显的变化。

(4) 应充分考虑温度等的影响，并进行修正。

(5) 通过测 $\tan\delta=f(u)$ 的曲线，观察 $\tan\delta$ 是否随电压升高而上升，来判断绝缘内部是否有分层、裂纹等缺陷。

5.3 绝缘状态综合判断

每一项预防性试验项目对反映不同绝缘介质的各种缺陷的特点及灵敏度各不相同，因此对各项预防性试验结果不能孤立地、单独地对绝缘介质做出试验结论，而必须将各项试验结果全面地联系起来，进行系统地、全面地分析、比较，并结合各种试验方法的有效性及设备的历史情况，才能对被试设备的绝缘状态和缺陷性质做出科学的结论。例如，当利用兆欧表和电桥分别对变压器绝缘进行测量时，如果 $\tan\delta$ 值不高，其绝缘电阻、吸收比较低，则往往表示绝缘中有集中性缺陷；如果 $\tan\delta$ 值也高，则往往说明绝缘整体受潮。

一般地说，如果电气设备各项预防性试验结果（也包括破坏性试验）能全部符合规定，则认为该设备绝缘状况良好，能投入运行。但是对非破坏性试验而言，有些项目往往不作具体规定。有的虽有规定，然而试验结果却又在合格范围内出现“异常”，即测量结果合格，增长率很快。对这些情况如何作出正确判断，则是每个试验人员非常关心的问题。根据现场试验经验，现将电气设备绝缘预防性试验结果的综合分析判断概括为比较法。比较法包括下列内容：

(1) 与设备历年（次）试验结果相互比较。因为一般的电气设备都应定期地进行预防性试验，如果设备绝缘在运行过程中没有什么变化，则历次的试验结果都应当比较接近。如果有明显的差异，则说明绝缘可能有缺陷。

(2) 与同类型设备试验结果相互比较。因为对同一类型的设备而言，其绝缘结构相同，在相同的运行和气候条件下，其测试结果应大致相同。如果差异很大，则说明绝缘可能有缺陷。

(3) 同一设备相间的试验结果相互比较。因为同一设备，各相的绝缘情况应当基本一样，如果三相试验结果相互比较差异明显，则说明有异常的绝缘可能有缺陷。

(4) 与规程规定的“允许值”相互比较。对有些试验项目，规程规定了“允许值”，若测量值超过“允许值”，应认真分析，查找原因，或再结合其他试验项目来查找缺陷。

总之，应当坚持科学态度，对试验结果必须全面地、历史地综合分析，掌握设备性能变化的规律和趋势，并以此来正确判断设备绝缘状况，为检修提供依据。

非破坏性试验基本方法的比较见表5.1，在试验中应充分利用它们的特点去发掘绝缘缺陷。

表5.1 非破坏性试验基本方法比较

试验方法	能发现的缺陷	不能发现的缺陷	评价
测量绝缘电阻	贯通的集中性缺陷，整体受潮或有贯通性的受潮部分	未贯通的集中性缺陷，绝缘整体老化及游离	基本方法之一
测量吸收比	受潮，贯通的集中性缺陷	未贯通的集中性缺陷，绝缘整体老化	应用于判断受潮
$\tan\delta$	整体受潮、劣化，小体积被试品的贯通及未贯通缺陷	大体积被试品的集中性缺陷	基本方法之一

5.4 低电压短路电抗测试

最早使用的绕组变形测试方法是阻抗法。其原理是通过测量变压器绕组在额定电流下的阻抗或漏抗，由阻抗或漏抗值的变化来判断变压器绕组是否发生了危及运行的变形，如匝间短路、开路、线圈位移等。国家标准和IEC标准都规定了额定电流下漏抗变化的限值，IEC建议超过3%为异常，国家标准认为根据线圈结构的不同取1%～4%。

多年来的现场使用经验表明，该方法由于受条件所限，现场很难达到额定电流（尤其对大型变压器），且对测试仪表的检测精度要求很高，往往难以获得必要的检测灵敏度，因此现场逐渐开始应用低电压测试短路电抗（包括短路阻抗和漏电感等参数）以判断变压器绕组有无变形。低电压短路电抗测试的基本原理如下：

(1) 变压器的每一对绕组的漏电感 L_k 是这两个绕组相对距离（同心圆的两个绕组的半径 R 之差）的增函数，而且 L_k 与这两个绕组高度的算术平均值近似成反比。即漏电感 L_k 是这对绕组相对位置的函数，$L_k=f(RH)$。绕组对中任何一个绕组的变形必定会引起 L_k 的变化。由于绕组对的短路电抗 X_k 和短路阻抗 Z_k 都是 L_k 的函数，因此该绕组对中任一绕组的变形都会引起 Z_k、X_k 发生相应的变化。

(2) 在漏磁通回路中油、纸、铜等非铁磁性材料占磁路主要部分。非铁磁性材料的磁阻是线性的，且磁导率仅为硅钢片的万分之五左右，即磁压的99.9%以上降落在线性的非磁性材料上。把漏电感 L_k 看作线性，其在检测中所引起的偏差小于千分之一。L_k 在电流从0到短路电流的范围内都可以认为是线性的。因此测量 L_k 可以采用较低的电流、电压，而不会影响其复验性（包括与额定电流下的测试结果相比）不大于千分之二的要求。

上述两点是低电压电抗法判断绕组有无变形的物理基础。

目前对于现场试验，考虑到试验电源取用便捷性，对于三相电力变压器，均采用分相试验的方法。试验时，将低压侧的三相绕组的三个引出端短接，分别在高压侧UV、VW、WU或UN、VN、WN间加单相电源进行测量，最后由3次测量的结果计算出三相数据。根据变压器高压侧三相绕组连接方式的不同，采用不同的试验接线方式。

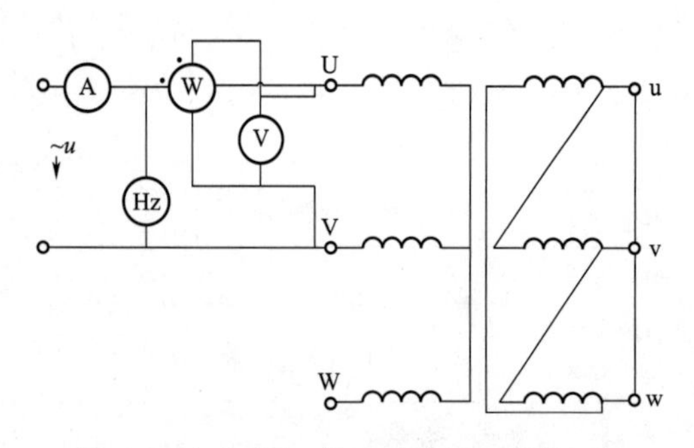

图 5.7　加压绕组为 Y 连接的三相变压器单相短路试验接线图

1. 加压绕组为 Y 连接的三相

(1) 试验接线。试验电压加在高压侧三相绕组为 Y 连接的三相变压器单相短路试验接线如图 5.7 所示。

(2) 试验步骤。按图 5.7 进行接线，轮流对每一对线间 UV、VW、WU 施加试验电压，将另一侧绕组全部短路，升至试验电流时，记录仪表指示值，共进行 3 次，然后用 3 次测得的损耗 P_{UV}、P_{VW}、P_{WU} 和电压 U_{UV}、U_{VW}、U_{WU} 计算出结果。

(3) 试验数据整理及计算。

1) 短路损耗为

$$P_k=\frac{P_{UV}+P_{VW}+P_{WU}}{2} \tag{5-13}$$

2) 三相平均短路电压百分数为

$$U_k\%=\sqrt{3}\frac{U_{UV}+U_{VW}+U_{WU}}{6U_n}\times100\% \tag{5-14}$$

3) 分相短路电压百分数为

$$\begin{aligned}Z_{AO}&=\frac{1}{2}(R_{AB}+R_{AC}-R_{BC})+j\frac{1}{2}(X_{AB}+X_{AC}-X_{BC})\\Z_{BO}&=\frac{1}{2}(R_{AB}+R_{BC}-R_{AC})+j\frac{1}{2}(X_{AB}+X_{BC}-X_{AC})\\Z_{CO}&=\frac{1}{2}(R_{AC}+R_{BC}-R_{AB})+j\frac{1}{2}(X_{AC}+X_{BC}-X_{AB})\end{aligned} \tag{5-15}$$

式中　P_{UV}、P_{VW}、P_{WU}——测得加压相 UV、VW、WU 的损耗；

U_{UV}、U_{VW}、U_{WU}——测得加压相 UV、VW、WU 的电压。

2. 加压绕组为 Yn 连接

(1) 试验接线。试验电压加在高压侧三相绕组为 Yn 连接的三相变压器单相短路试验接线如图 5.8 所示。

(2) 试验步骤。按图 5.8 进行接线，轮流对每一对相间 UN、VN、WN 施加试验电压，升压至试验流时，记录仪表指示值，共进行 3 次，然后用 3 次测得的损耗 P_{UN}、P_{VN}、P_{WN} 和电压 U_{UN}、U_{VN}、U_{WN} 计算出结果。

(3) 试验数据整理及计算。

1) 短路损耗为

$$P_k=P_{UN}+P_{VN}+P_{WN} \tag{5-16}$$

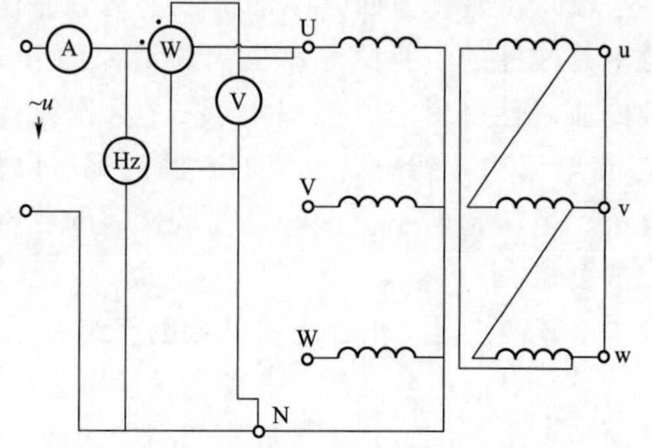

图 5.8　加压绕组为 Yn 连接的三相变压器单相短路试验接线图

2）三相平均短路电压百分数为

$$U_k\%=\frac{U_{UN}+U_{VN}+U_{WN}}{3}\times 100\% \tag{5-17}$$

式中 P_{UN}、P_{VN}、P_{WN}——测得加压相 UN、VN、WN 的损耗；

U_{UN}、U_{VN}、U_{WN}——测得加压相 UN、VN、WN 的电压。

5.5 绕组频率响应分析

绕组频率响应（FRA）特性试验检测原理如图 5.9 所示。在绕组的一端输入扫频电压信号 U_s（依次输入不同频率的正弦波电压信号），通过数字化记录设备同时检测不同扫描频率下绕组两端的对地电压信号 $U_i(j\omega)$ 和 $U_o(j\omega)$，并进行相应的处理，最终得到被测变压器绕组的传递函数 $H(j\omega)$，并将频率响应根据频率描绘成曲线来判断变压器绕组变形。

$$H(j\omega)=20\lg[U_o(j\omega)/U_i(j\omega)] \tag{5-18}$$

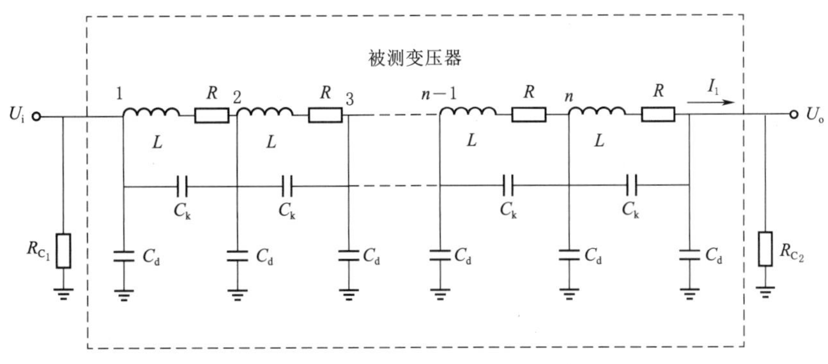

5.9 绕组频率响应（FRA）特性试验检测原理图

频率响应法诊断变压器绕组变形的思想，最早是由加拿大的 E. P. Dick 在 1978 年提出的，随后在世界各国得到了较为广泛的应用，理论上能够在变压器不吊罩的情况下快速检测出相当于短路阻抗变化 0.2%和轴向尺寸变化 0.3%的绕组变形现象。与低压脉冲法（LVI）相比，由于 FRA 法采用了先进的扫频测量技术，所测量的均是幅值较高、频率低于 1MHz 的正弦波信号，便于用数字处理技术消除干扰信号的影响，信号传播过程中的折反射问题也容易得到解决，故具有较强的抗干扰能力，测量结果的重复性也易于得到保证。

低压脉冲法和频率响应法实际上是从时域和频域两个方面对同一事物的两个不同侧面的描述。从数学上讲，这两个方法是有联系的、是等价的，但是这两个方法从实际实施方法来说，在技术上是有很大差异，从发生波形的稳定性、可记录性及分辨率和目前技术水平来说，低压脉冲法可实施性要远小于频率响应法。从目前的技术成熟程度看，频响法用于现场要比低压脉冲法易于实施，测得的图谱较稳定，重复性好，不易受试验接线、外界干扰的影响，因此频响法的应用比较普遍。

5.5.1　频率响应法的原理

电力变压器绕组一般都设计为饼式结构，各饼之间都有油道，便于散热。绕组线饼对地及对其他相、其他电压等级线圈都有一个临近电容，线圈自然也有电感。另外套管还有对地电容，引线及接头对地也有电容。所有这些按其所在结构的位置，都有其所代表的结构参数，所以按其结构，可以构成一个变压器的线圈在进行测试时的一个等值电路。当频率超过1kHz时，变压器的铁芯基本不起作用。每个绕组均可视为一个由电阻、电容、电感等分布参数构成的无源线性双端口网络，如果忽略绕组的电阻（通常很小），则绕组的等效网络如图5.10表示。

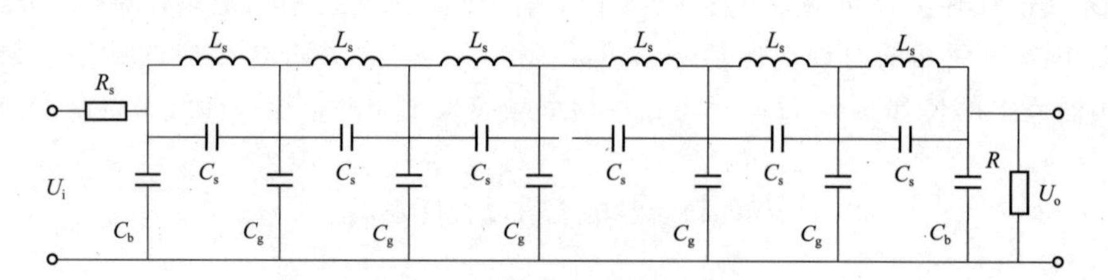

图5.10　变压器绕组的等值电路图

C_g—绕组对地电容；C_b—套管对地电容；L_s—线圈电感；R_s—扫频信号输出电阻；
R—匹配电阻（通常为50Ω）

图5.10中U_i为扫频输入信号，U_o为响应输出信号，它实际上代表流经R的电流，则U_o/U_i的比值就代表了一种电抗的变化。如果绕组发生了轴向、径向尺寸变化等变形现象，势必会改变网络的L_s、C_s、C_g等分布参数，导致其传递函数$H(j\omega)$的零点和极点分布发生变化。因此，变压器绕组的变形是可以通过比较变压器绕组的频率响应来诊断的。

变压器设计时，是不会允许在50Hz以及附近频率处产生谐振的，所以在低频段，线圈是感性的。

电力变压器绕组的传递函数$H(j\omega)$主要取决于其内部电感、电容分布等参数，大量试验研究结果表明，变压器绕组的频率相应特性通常具有如下特征：

（1）当频率低于100kHz时，其频率响应特性主要由线圈的电感所决定，谐振点通常很少，对分布电容的变化较不敏感。

（2）当频率超过1MHz时，绕组的电感又被分布电路所旁路，谐振点也会相应减少，对电感的变化较不敏感，而且随着频率的提高，测试回路（引线）的杂散电容也会对测试结果造成明显影响。

（3）当频率为100kHz～1MHz时，绕组的分布电感和电容均发挥作用，其频率响应特性具有较多的谐振点，能够灵敏地反映出绕组电感、电容的变化情况。

5.5.2　绕组整体变形频率特征

（1）整体变形。整体变形最常见是在运输过程中震动冲击力造成的，这种变形一般整体情况良好，只是线圈之间相对移动。整体变形一般不改变线圈的电感量和饼间电容，只改变线圈对地电容，所以其频谱图上各谐振点都存在，只是都向高频方向平移。另外在受电动力时，如有几根撑条受力移动位置或脱落，在受力消失后，则在原来的压紧力的作用下向一边偏心，同时由于电动力造成内线圈收缩或外线圈扩张，高低压线圈之间的距离改变，对地电容减小，使谐振频率均向高频方向移动，谐振频率的改变量在较小的变化时与变形量成正比。整体变形的频谱图上的最大特征是各谐振峰都对应存在，只是平移了。

（2）整体压缩。线圈在电磁力作用下或因制造工艺的原因，会出现高度尺寸上的压缩。线圈在高度上的减小，将使线圈的总电感增加；同时使线圈饼间的电容增加。在对应的频谱图上，变形相曲线将出现第一个谐振峰向低频方向移动；同时第一谐振峰还将伴随着幅值升高；中高频部分的曲线与正常相的频谱曲线相同。

（3）整体拉伸。线圈在出现固定压板松动、垫块失落等情况时，会出现高度尺寸上的拉伸。线圈在高度上的增加，将使线圈的总电感减小；同时使线圈饼间的电容下降。在对应的频谱图上，变形相曲线将出现第一个谐振峰向高频方向移动；同时第一谐振峰还将伴随着幅值下降；中高频部分的曲线与正常相的频率曲线相同。

5.5.3 绕组局部变形频谱特征

局部变形是指线圈的总高度未发生改变，或等效直径和线圈厚度尚未出现较大改变；只是部分线圈的尺寸分布均匀度改变，或部分线饼出现较小程度等效直径的改变，线圈的总电感基本不变，所以故障相和非故障相的频谱曲线在低频段的第一个谐振峰点处将重合，随着部分变形面积的大小，对应的后续几个谐振峰将发生位移。

（1）局部压缩和拉开变形。这种变形一般认为是由于电磁作用力造成的，由于同方向的电流产生的斥力，在线圈两端被压紧时，这种斥力会将个别垫块挤出，造成部分被挤压，而部分被拉开。这种变形在两端压钉未动的条件下，一般不会牵动引线；这种变形一般只改变饼间的距离（轴向），在等值电路中体现在并联电感上的电容（饼间电容）的改变上。引线未被牵动力的条件下，频谱的高频部分将变化很小。线圈整体并未被压缩，只有部分饼间距离拉开，部分饼间距离压缩。从频谱图上可以看到，有部分谐振峰向高频方向移动，并伴随着峰值下降；而有部分谐振峰向低频方向移动，并伴随着峰值升高。变形面积和变形程度可以通过比较谐振峰点明显移动所处的位置（第几个峰）及谐振峰的移动量来估计分析。局部压缩和拉开变形影响到引线时，频谱图的高频部分将发生变化。局部压缩和拉开变形程度较大时，低频与中频段有些谐振峰会重叠，个别峰会消失，有些谐振峰幅值升高。

（2）匝间短路。如果线圈发生金属性匝间短路，线圈的整体电感将会明显下降，线圈对信号的阻碍大大减小。对应到频谱图，其低频段的谐振峰将会明显的向高频方向移动，同时由于阻碍减小，频响曲线在低频段将会向衰减减小的方向移动，即曲线上移 20dB 以上。另外，由于 Q 值下降，频谱曲线上谐振峰谷间的差异将减少。中频和高频段的频谱曲线与正常线圈的图谱重合。

（3）线圈断股。线圈断股时，线圈的整体电感将会略有增大。对应到频谱图，其低频段的谐振峰将会向低频方向略有移动，幅值上的衰减基本不变；中频和高频段的频谱曲线与正常线圈的谱图重合。

（4）引线位移。引线发生位移时，不影响电感，所以频谱曲线的低频段应完全重合，只在200～500kHz部分的曲线发生改变，主要是衰减幅值方面的变化。引线向外壳方向移动，则频谱曲线的高频部分向衰减增大的方向移动，曲线下移；引线向线圈靠拢，则频谱曲线的高频部分向衰减减小的方向移动，曲线上移。

（5）轴向扭曲。轴向扭曲是在电动力作用下，线圈向两端顶出，在受到两端压迫时，被迫从中间变形，若原变压器的装配间隙较大或有撑条受力移位，则线圈在轴向扭成S形。这种变形由于两端未变动，所以只改变了部分饼间电容和部分对地电容。屏间电容和对地电容将减小，所以频谱曲线上将发生谐振峰向高频方向移动，低频附近的谐振峰值略有下降，中频附近的谐振峰点频率略有上升，而且300～500kHz的频谱线基本上保持原趋势。

（6）线圈辐向（径）变形。在电动力作用下，一般内线圈是向内收缩，由于内撑条的限制，线圈可能发生辐向变形，其边沿成锯齿状，这种变形将使电感略有减小，对地电容也略有改变，所以在整个频率范围内的谐振峰均向高频方向略有移动。外线圈的辐向变形主要是向外膨胀，变形线圈总电感将增加，但内外线圈间的距离增大，线饼对地电容减小。所以频谱曲线上第一个谐振峰和谷将向低频方向移动，后面的各峰谷都将向高频方向略有移动。

（7）分接开关烧蚀。带有分接开关的线圈，如果触点烧蚀较严重，在高频小电流通过时，由于油膜的影响，会出现小电流下的接触问题，其等值电路可以认为是一个低阻值电阻和一个电容并联，与各分支电感电容谐振，会产生很多的谐振峰。由于电阻的存在，无法形成大的谐振，使谐振曲线上产生很多毛刺，特别是40dB以下的曲线。谐振曲线的总轮廓与正常曲线基本重合。

不同变形种类对应的位移方向见表5.2。

表5.2　　不同变形种类对应的位移方向

变形种类		电感 L_s	饼间电容 C_s	对地电容 C_g	谐振点频率	谐振点峰值
整体变形	运输冲撞	—	—	↓	→（ALL）	—
	整体压缩	↑	↑	—	←（1）	↑（1）
	整体拉伸	↓	↓	—	→（1）	↓（1）
局部变形	局部压缩和拉伸	—	↑ ↓	—	→ ←	↓ ↑
	匝间短路	↓	↑	—	→（L）	↑（L）
	线圈断股	↑	—	—	←（L）	—
	金属异物	—	↑	—	←（L）	↑（M、H）
	引线位移	—	—	靠外壳↑ 靠线圈↓	←（H） →（H）	↓（H） ↑（H）
	轴向扭曲	—	↓	↓	→	↓（L） ↑（M）
	辐（径）向变形	内↓ 外↑	—	内↑ 外↓	→（ALL） ←（1） →（M、H）	—

注　ALL—全部；1—第1个谐振峰；L、M、H—低频段、中频段和高频段。

第6章 绝缘油的气相色谱试验与分析

6.1 绝缘油性能分析

电力变压器的主要绝缘材料包括变压器油、纸和纸板等A级绝缘材料。当变压器运行年限为20年左右时，最高允许温度为105℃。

变压器油的耐电强度、传热性及比热容都比空气好得多，因此目前国内外的电气设备，特别是大中型电力变压器和电抗器、电流互感器、电压互感器等都采用油浸式结构，并且变压器油起着绝缘和散热的双重作用。运行中的变压器油质量标准见表6.1。

表6.1 运行中变压器油质量标准

序号	项 目	设备电压等级/kV	质量标准	
			投入运行前的油	运行油
1	外状	各电压等级	透明、无杂质或悬浮物	
2	水溶性酸的pH	各电压等级	>5.4	≥4.2
3	酸值/(mgKOH/g)	各电压等级	≤0.03	≤0.1
4	闪点（闭口）/℃	各电压等级	≥135	≥135
5	水分/（mg/L）	330～500 220 ≤110	≤10 ≤15 ≤20	≤15 ≤25 ≤35
6	界面张力（25℃）/（mN/m）	各电压等级	≥35	≥25
7	介质损耗因数（90℃）	500 ≤330	≤0.005 ≤0.010	≤0.020 ≤0.040
8	击穿电压/kV	500 330 66～220 35及以下	≥65 ≥55 ≥45 ≥40	≥55 ≥50 ≥40 ≥35
9	体积电阻率（90℃）/(Ω·m)	500 ≤330	$\geq 6\times10^{10}$	$\geq 1\times10^{10}$ $\geq 5\times10^{9}$
10	油中含气量/%（体积分数）	330～500	≤1	≤3
11	油泥与沉淀物/%（质量分数）	各电压等级	—	≤0.02（以下可忽略不计）

运行中变压器油的质量与老化程度和所含杂质等条件不同而变化很大，除能判断变压器故障的项目（如油中溶解气体色谱分析等）外，通常不能单凭任何一种试验项目作为评价油质状态的依据，应根据几种主要特性指标进行综合分析，并随变压器电压等级和容量不同而有所区别。运行中变压器油常规检验周期及检验项目见表 6.2。

表 6.2　　运行中变压器油常规检验周期及检验项目

设备名称	设备参数	检　验　周　期	表 6.1 中检验项目
变压器（电抗器）	330～500kV	设备投运前或大修后 每年至少一次 必要时	1～10 1、5、7、8、10 1～11
	66～220kV	设备投运前或大修后 每年至少一次 必要时	1～9 1、5、7、8 1～11
	<35kV	3 年至少一次	5、7、8

由于充油电气设备容量和运行条件的不同，油质老化的速度也不一样。当变压器用油的 pH 值接近 4.4 或颜色骤然变深，其他某项指标接近允许值或不合格时，应缩短检验周期，增加检验项目，必要时采取有效处理措施。

6.2　绝缘油中产气机理

油和纸是充油电气设备的主要绝缘材料，油中气体的产生机理与材料的性能和各种因素有关。

6.2.1　变压器油劣化及产气

变压器油是由天然石油经过蒸馏、精炼而获得的一种矿物油，它是由各种碳氢化合物所组成的混合物，其中碳、氢两元素占其全部重量的 95%～99%，其他为硫、氮、氧及极少量金属元素等。石油基碳氢化合物有环烷烃、烷烃、芳香烃以及其他一些成分。

一般新变压器油的分子量在 270～310 之间，每个分子的碳原子数在 19～23 之间，其化学组成包含 50%以上的烷烃、10%～40%的环烷烃和 5%～15%的芳香烃。表 6.3 列出了部分国产变压器油的成分分析结果。

表 6.3　　部分国产变压器油的成分分析依据

油类及厂家	芳烃 C_A/%	烷烃 C_P/%	环烷烃 C_N/%
独山子石化公司（45 号）	3.30	49.70	47.00
独山子石化公司（25 号）	4.56	45.83	50.06
兰州石化公司（45 号）	4.46	45.83	49.71
兰州石化公司（25 号）	6.10	57.80	36.10
大连石化公司（25 号）	8.28	60.46	31.26
大港石化公司（25 号）	11.80	24.50	63.70

环烷烃具有较好的化学稳定性和介电稳定性，黏度随温度的变化小。芳香烃化学稳定性和介电稳定性也较好，在电场作用下不析出气体，而且能吸收气体。变压器油中若芳香烃含量高，则油的吸气性强；反之，则吸气性差。但芳香烃在电弧作用下生成碳粒较多，又会降低油的电气性能；芳香烃易燃，且随其含量增加，油的比重和黏度增大，凝固点升高。环烷烃中的石蜡烃具有较好的化学稳定性和易使油凝固，在电场作用下易发生电离而析出气体，并形成树枝状的X腊，影响油的导热性。

变压器油在运行中因受温度、电场、氧气及水分和铜、铁等材料的催化作用，发生氧化、裂解与碳化等反应，生成某些氧化产物及其缩合物（油泥），产生氢及低分子烃类气体和固体X腊等。绝缘油劣化反应过程如下：

$$RH \xrightarrow{e} R^* + H^* \tag{6-1}$$

式中的e为作用于油分子RH的能量；R^*和H^*分别为R和H的游离基。游离基是极其活泼的基团，与油中氧作用生成更活泼的过氧化游离基，即

$$R^* + O_2 \longrightarrow ROO^* \text{（过氧化基）}$$

$$H^* + H^* \longrightarrow H_2$$

$$ROO^* + RH \longrightarrow ROOH + R^*$$

过氧化氢也是极不稳定的，可分解成ROO^*和OH^*两个游离基，使氧化反应继续下去。变压器油一旦开始劣化，即使外界不供给能量也能把以游离基为活化中心的链式反应自动持续下去，而且反应速度越来越快。这时，只有加入抗氧化剂，依靠抗氧化剂的分子和氧化中的自由基相互作用，使氧化反应链中断才能抑制变压器油的老化。试验证明：如果绝缘油未加抗氧化剂时产气速率若为100%，则有抗氧化剂时的产气速率仅为26.9%。

在变压器油中加抗氧化剂对延缓变压器油老化有明显效果；此外，如加苯并三氮唑（BTA）还可抑制油流带电现象。

上述ROO^*、R^*仍会继续反应，过氧化物再经一系列反应，最终生成醇（ROH）、醛（RCHO）、酮（RCOR）、有机酸（RCOOH）等中间氧化物，并生成H_2O、CO_2及氢和碳链较短的低分子烃类。此外，在无氧气参加反应时，RH也会生成低分子烃类，以C_3H_8为例，即

$$C_3H_8 \longrightarrow C_2H_4 + CH_4$$

$$2(C_3H_3) \longrightarrow 2C_2H_8 + C_2H_4$$

当变压器油受高电场能量的作用时，即使温度较低，也会分解产气。产气速率还与电场强弱、液相表面气体的压力有关，可用经验关系式描述，即

$$\frac{dp}{dt} = k(u - u_S)^n p^\gamma \tag{6-2}$$

式中　$\frac{dp}{dt}$——产气速率；

k——常数，取 0.06；

u——工作电压，kV；

u_s——析气时的起始电压，一般为（3±0.5）kV；

p——油面气体压力；

n——常数，取 1.82；

γ——常数，取 0.16。

综上所述，变压器油是由许多不同分子量的碳氢化合物分子组成的混合物，分子中含有 CH_3^*、CH_2^* 和 CH^* 化学基团，并由 C—C 键键合在一起。由于电或热故障的原因，可以使某些 C—H 键和 C—C 键断裂，伴随生成少量活泼的氢原子和不稳定的碳氢化合物的自由基，这些氢原子或自由基通过复杂的化学反应迅速重新化合，形成氢气和低分子烃类气体，如甲烷、乙烷、乙烯、乙炔等，也可能生成碳的固体颗粒及碳氢聚合物（X 腊）。

乙烯虽然在较低的温度时也有少量生成，但主要是在高于甲烷和乙烷的温度即大约为 500℃下生成。乙炔一般在 800～1200℃的温度下生成，而且当温度降低时，反应迅速被抑制，作为重新化合物的稳定产物而积累。因此，虽然在较低的温度下（低于 800℃）也会有少量乙炔生成，但大量乙炔是在电弧的弧道中产生。此外，油在起氧化反应时，伴随生成少量 CO 和 CO_2，并且 CO 和 CO_2 能长期积累，成为数量显著的特征气体。

6.2.2　固体绝缘材料的分解及气体

油纸绝缘包括绝缘纸、绝缘纸板等，它们的主要成分是纤维素。木纤维是由许多葡萄糖基借 1-4 配键联结起来的大分子，其化学式为（$C_5H_{10}O_5$）$_n$。纤维素分子呈链状，每个链节中含有 3 个羟基（即 OH），每根长链间由羟基生成氢键。氢键是由电负性很大的元素如 F、O 相结合的氢原子与另一个分子中电负性很大的原子间的引力而形成。N 代表长链并连的个数，成为聚合度，一般新纸 N 约为 1300，极度老化以致寿命终止的绝缘纸 N 为 150～200。纸、层压板或木板等固体绝缘材料分子内含有大量的无水右旋糖环和弱的 C—O 化合键。聚合物裂解的有效温度高于 105℃，完全裂解和碳化高于 300℃，在生成水的同时，生成大量的 CO 和 CO_2 及少量烃类气体和呋喃化合物，同时油被氧化。CO 和 CO_2 的生成不仅随温度升高而加快，而且随油中氧的含量和纸的湿度增大而增加。

6.3　电气设备内部故障与油中特征气体的关系

充油电气设备内部故障主要包括机械、热和电三种类型，而又以后两种为主，并且机械性故障常以热的或电的故障形式表现出来。根据模拟试验和大量的现场试验，电弧放电的电弧电流大，变压器主要分解出乙炔、氢及较少的甲烷；局部放电的电流较小，变压器油主要分解出氢和甲烷；变压器油过热时分解出氢和甲烷、乙烯、丙烯等，而纸和某些绝缘材料过热时还分解出一氧化碳和二氧化碳等气体。我国现行的《变压器油中溶解气体分析和判断导则》（DL/T 722—2014）（下称"《导则》"）将不同故障类型产生的主要特征气体和次要特征气体进行了归纳，见表 6.4。

表 6.4　充油电力变压器不同故障类型产生的气体

故障类型	主要气体组分	次要气体组分
油过热	CH_4、C_2H_2	H_2、C_2H_6
油和纸过热	CH_4、C_2H_4、CO、CO_2	H_2、C_2H_6
油纸绝缘中局部放电	H_2、CH_4、CO	C_2H_2、C_2H_6、CO_2
油中火化放电	H_2、C_2H_2	
油中电弧	H_2、C_2H_2	CH_4、C_2H_4、C_2H_6
油和纸中电弧	H_2、C_2H_2、CO、CO_2	CH_4、C_2H_4、C_2H_6

注　进水受潮或油中气泡可使氢含量升高。

6.4　三比值法的基本原理及方法

大量的实践证明，采用特征气体法结合可燃气体含量法，可作出对故障性质的判断，但还必须找出故障产气组分含量的相对比值与故障点温度或电场力的依赖关系及其变化规律。为此，人们在用特征气体法等进行充油电气设备故障诊断的过程中，经不断地总结和改良，国际电工委员会（IEC）在热力动力学原理和实践的基础上，相继推荐了三比值法和改良的三比值法。我国现行的《变压器油中溶解气体分析和判断导则》（DL/T 722—2014）推荐的也是改良的三比值法。

6.4.1　三比值法的原理

通过大量的研究证明，充油电气设备的故障诊断也不能只依赖于油中溶解气体的组分含量，还应取决于气体的相对含量。通过绝缘油的热力学研究结果表明，随着故障点温度的升高，变压器油裂解产生烃类气体按 $CH_4 \rightarrow C_2H_6 \rightarrow C_2H_4 \rightarrow C_2H_2$ 的顺序推移，并且 H_2 是低温时由局部放电的离子碰撞游离所产生。基于上述观点，产生了 CH_4/H_2、C_2H_6/CH_4、C_2H_4/C_2H_6、C_2H_2/C_2H_4 的四比值法。由于在四比值法中 C_2H_6/CH_4 的比值只能有限地反映热分解的温度范围，于是 IEC 将其删去而推荐采用三比值法。随后，在人们大量应用三比值法的基础上，IEC 对与编码相应的比值范围、编码组合及故障类别作了改良，得到目前推荐的改良三比值法（以下简称三比值法）。

根据充油电气设备内油、绝缘在故障下裂解产生气体组分含量的相对浓度与温度的相互依赖关系，从 5 种特征气体中选取两种溶解度和扩散系数相近的气体组成三对比值，以不同的编码表示。根据表 6.5 中的编码规则和表 6.6 中的故障类型判断方法作为诊断故障性质的依据。这种方法消除了油的体积效应的影响，是判断充油电气设备故障类型的主要方法，并可以得出对故障状态较可靠的诊断。

表 6.5　编码规则

气体范围	比值范围的编码		
	C_2H_2/C_2H_4	CH_4/H_2	C_2H_4/C_2H_6
<0.1	0	1	0
[0.1，1)	1	0	0
[1，3)	1	2	1
≥3	2	2	2

表 6.6　故障类型判断方法

<table>
<tr><th colspan="3">编码组合</th><th rowspan="2">故障类型判断</th><th rowspan="2">典型故障（参考）</th></tr>
<tr><th>C_2H_2/C_2H_4</th><th>CH_4/H_2</th><th>C_2H_4/C_2H_6</th></tr>
<tr><td rowspan="5">0</td><td>0</td><td>0</td><td>低温过热（低于150℃）</td><td>纸包绝缘导线过热，注意CO和CO_2的增量及CO_2/CO值</td></tr>
<tr><td>2</td><td>0</td><td>低温过热（150～300℃）</td><td rowspan="3">分接开关接触不良；引线连接不良；导线接头焊接不良，股间短路引起过热；铁芯多点接地，矽钢片间局部短路等</td></tr>
<tr><td>2</td><td>1</td><td>中温过热（300～700℃）</td></tr>
<tr><td>0，1，2</td><td>2</td><td>高温过热（高于700℃）</td></tr>
<tr><td>1</td><td>0</td><td>局部放电</td><td>高湿，气隙、毛刺、漆瘤、杂质等所引起的低能量密度的放电</td></tr>
<tr><td rowspan="2">2</td><td>0，1</td><td>0，1，2</td><td>低能放电</td><td rowspan="2">不同电位之间的火花放电，引线与穿缆套管（或引线屏蔽管）之间的环流</td></tr>
<tr><td>2</td><td>0，1，2</td><td>低能放电兼过热</td></tr>
<tr><td rowspan="2">1</td><td>0，1</td><td>0，1，2</td><td>电弧放电</td><td rowspan="2">线圈匝间、层间放电，相间闪络；分接引线间油隙闪络，选择开关拉弧；引线对箱壳或其他接地体放电</td></tr>
<tr><td>2</td><td>0，1，2</td><td>电弧放电兼过热</td></tr>
</table>

6.4.2　三比值法的应用原则

三比值法的应用原则如下：

(1) 只有根据气体各组分含量的注意值或气体增长率的注意值有理由判断设备可能存在故障时，气体比值才是最有效的，并应予以计算。对气体含量正常，且无增长趋势的设备，比值没有意义。

(2) 假如气体的比值与以前的不同，可能有新的故障重叠或正常老化。为了得到仅仅相对于新故障的气体比值，要从最后一次分析结果中减去上一次的分析数据，并重新计算比值（尤其在CO和CO_2含量较大的情况下）。在进行比较时，要注意在相同的负荷和温度等情况下在相同的位置取样。

(3) 由于溶解气体分析本身存在的试验误差，导致气体比值也存在某些不确定性。利用DL/T 722—2014所述的方法，分析油中溶解气体结果的重复性和再现性。对气体浓度大于10μL/L的气体，两次的测试误差不应大于平均值的10%，而在计算气体比值时，误差可提高到20%。当气体浓度低于10μL/L时，误差会更大，使比值的精确度迅速降低。

因此在使用比值法判断设备故障性质时，应注意各种可能降低精确度的因素。尤其是对正常值较低的电压互感器、电流互感器和套管，更要注意这种情况。

6.4.3 三比值法的不足

在长期实践过程中，发现三比值法存在以下不足：

(1) 由于充油电气设备内部故障非常复杂，由典型事故统计分析得到的三比值法推荐的编码组合，在实际应用中常常出现不包括表 6.6 中的编码组合对应的故障。如表中编码组合 202 的故障类型为低能放电，但实际在装有有载调压分接开关的变压器中，由于分接开关筒里的电弧分解物渗入变压器油箱内，一般是过热与放电同时存在；对编码组合 010，通常是 H_2 组分含量较高，但引起 H_2 高的原因甚多，一般难以作出正确无误的判断。

(2) 只有油中气体各组分含量足够高或超过注意值，并且经综合分析确定变压器内部存在故障后，才能进一步用三比值法判断故障性质。如果不论变压器是否存在故障，一律使用三比值法，就有可能对正常的变压器造成误判断。

(3) 在实际应用中，当有多种故障联合作用时，可能在表 6.6 中找不到相对应的比值组合；同时，在三比值编码边界模糊的比值区间内的故障，往往易误判。

(4) 当故障涉及固体绝缘的正常老化过程与故障情况下的劣化分解时，将引起 CO 和 CO_2 含量明显增长，表 6.6 中无此编码组合。此时要利用比值 CO_2/CO 配合诊断。

总之，由于故障分类本身存在模糊性，每一组编码与故障类型之间也具有模糊性，三比值还未能包括和反映变压器内部故障的所有形态，所以它还在不断的发展的积累经验，并继续进行改良，其发展方向之一是通过 把比值法与故障稳定的关系变为模糊关系矩阵来判断，以便更全面地反映故障信息。

6.5 大卫三角形法判断变压器故障类型

大卫三角形法基于三种烃类气体（CH_4、C_2H_4、C_2H_2）进行故障类型判断。与比值法相比，大卫三角形法突出的优点是保留了一些由于落在提供的比值限值之外而被 IEC 值法漏判的数据。使用大卫三角形法诊断时，比值点落在哪个区域内，则该区域所对应的故障类型就是该比值对应的故障类型，所以它总能得出一种诊断结果并具有较低的错误率。大卫三角形法的特殊性在于具有可视化的溶解气体位置，如图 6.1 所示。

在图 6.1 中：

$$C_2H_2\% = 100X/X+Y+Z$$

$$C_2H_4\% = 100Y/X+Y+Z$$

$$CH_4\% = 100Z/X+Y+Z$$

$$X = [C_2H_2](\mu L/L)$$

$$Y = [C_2H_4](\mu L/L)$$

$$Z=[CH_4](\mu L/L)$$

在大卫三角形中，三角形的三条边分别表示 CH_4、C_2H_4 和 C_2H_2 浓度的相对比例。例如，若一组气体数据为 $CH_4=70\mu L/L$、$C_2H_4=110\mu L/L$、$C_2H_2=20\mu L/L$，$CH_4=35\%$、$C_2H_4=55\%$、$C_2H_2=10\%$，则图 6.2 中 R 即为这组气体在大卫三角形中的表示位置，所处区域为 T3，即属于热故障（$t>700℃$）。

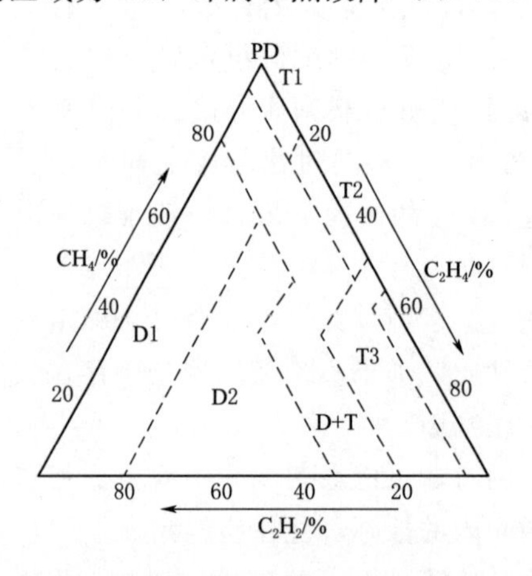

图 6.1　大卫三角形

D1—低能放电；D2—高能放电；T1—热故障（$t<300℃$）；T2—热故障（$300℃<t<700℃$）；T3—热故障（$t>700℃$）；PD—局部放电

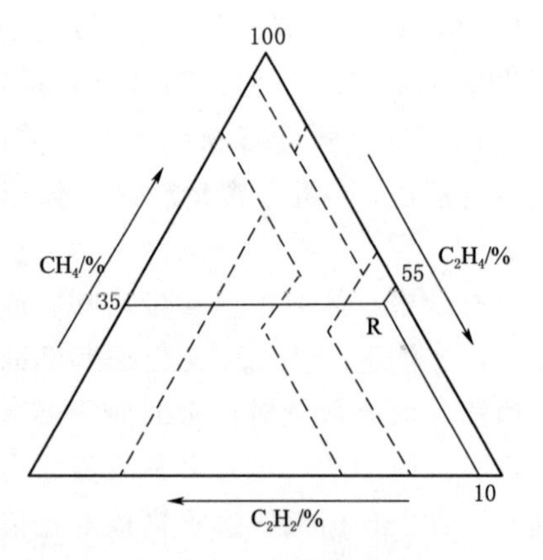

图 6.2　故障类型判断方法

各故障区域的区域极限见表 6.7。

表 6.7　区域极限

故障类型	区域极限			
PD	$98\%CH_4$	—	—	—
D1	$23\%C_2H_4$	$13\%C_2H_2$	—	—
D2	$23\%C_2H_4$	$13\%C_2H_2$	$38\%C_2H_4$	$29\%C_2H_2$
T1	$4\%C_2H_2$	$20\%C_2H_4$	—	—
T2	$4\%C_2H_2$	$20\%C_2H_4$	$50\%C_2H_4$	—
T3	$15\%C_2H_2$	$50\%C_2H_4$	—	—

三种放电故障（局部放电、低能放电、高能放电）和三种过热故障（低温过热、中温过热、高温过热）在大卫三角形中所对应的区域分别为（PD、D1、D2、T1、T2、T3），一个中间带 D+T 被划分为放电和过热故障的混合区域。由于没有正常状态对应的区域，若对任何一组气体数据都用大卫三角形进行判断会造成对正常变压器的误判。为了避免这个问题，在使用大卫三角形法之前，应对溶解气体进行是否正常状态的判断。

后期演变出三个类型，可利用 H_2、CH_4、C_2H_2、C_2H_4、C_2H_6 5 种特征气体的比值实现变压器故障可视化判断，如图 6.3 所示。

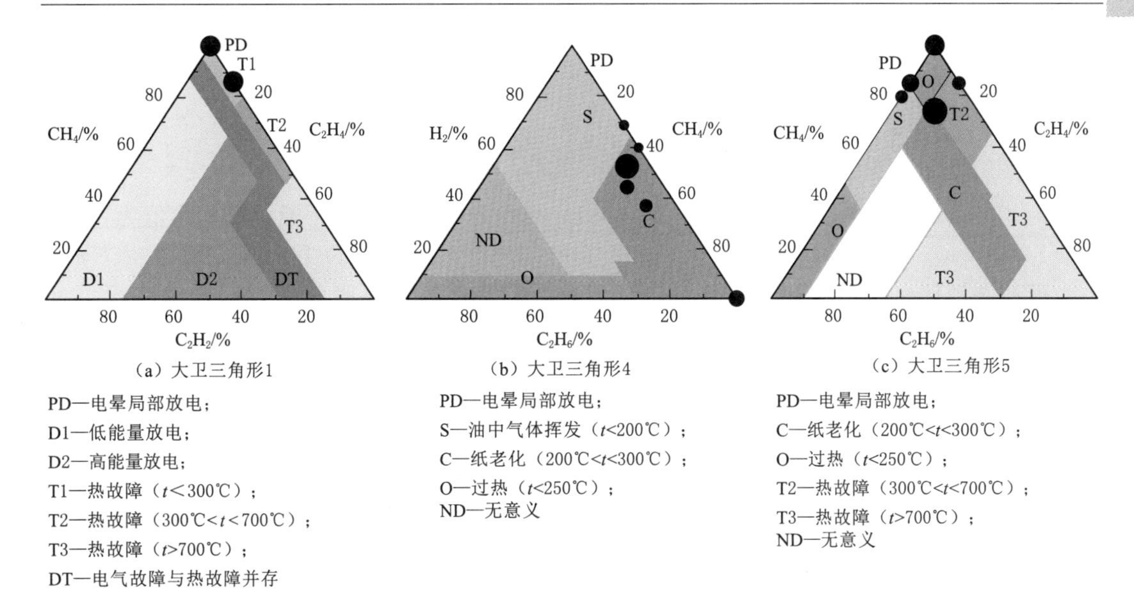

图 6.3 大卫三角形扩展

6.6 利用多种判据对故障进行综合诊断

在对运行中故障变压器进行故障诊断及故障发展趋势预测时，若仅采用一种判据很难得出正确的诊断结论，甚至会造成误判。同时，即使是用前述的油中溶解特征气体组分含量和比值法已诊断出变压器的故障类型及性质，还应对故障源的温度、功率、绝缘材料的损伤程度、故障危害性，以及故障的发展导致油中溶解气体达到饱和并使瓦斯保护动作等因素进行综合分析。下述几种方法在具体故障分析过程中具有较大的实用价值。

1. 故障源温度的估算

变压器油裂解后的产物与温度有关，温度不同产生的特征气体也不同；反之，如已知故障情况下油中产生的有关各种气体的浓度，可以估算出故障源的温度。比如对于变压器油过热，且当热点温度高于 400℃时，可根据日本的月冈淑郎等人推荐的经验公式来估算，即

$$T = 322\lg\frac{C_2H_4}{C_2H_6} + 525 \qquad (6-3)$$

国际电工委员会（IEC）标准指出，若 CO_2/CO 的比值低于 3 或高于 11，则认为可能存在纤维分解故障，即固体绝缘的劣化。当涉及估计绝缘裂解时，绝缘热点的温度估算经验公式如下。

（1）300℃以下时：

$$T = -241\lg\frac{CO_2}{CO} + 373 \qquad (6-4)$$

（2）300℃以上时：

$$T=-1196\lg\frac{CO_2}{CO}+660 \quad (6-5)$$

2. 故障源功率的估算

变压器油裂解需要的平均活化能约为210kJ/mol，即油热解产生1mol体积（标准状态下为22.4L）的气体需要吸收热能为210kJ，则每升热裂解气所需能量的理论值为

$$Q_i=210/22.4=9.38(kW/L) \quad (6-6)$$

但油裂解时实际消耗的热量要大于理论值。若热解时需要吸收的理论热量为Q_i，实际需要吸收的热量为Q_p，则热解效率系数为

$$\varepsilon=\frac{Q_i}{Q_p} \quad (6-7)$$

如果已知单位故障时间内的产气量，即可导出故障源功率估算公式为

$$P=\frac{Q_i/V}{\varepsilon t} \quad (6-8)$$

式中　P——故障源的功率，kW；

Q_i——理论热值，9.38kW/L；

V——故障时间内的产气量，L；

t——故障持续时间，s；

ε——热解效率系数。

不同类型的故障，ε可由以下公式计算。

1）局部放电时：

$$\varepsilon=1.27\times10^{-3}$$

2）铁芯局部过热时：

$$\varepsilon=10^{0.00988T-9.7}$$

3）线圈层间短路时：

$$\varepsilon=10^{0.00686T-5.83}$$

式中　T——热源温度，℃。

3. 油中气体达到饱和状态所需时间的估算

在变压器发生故障时，油被裂解的气体逐渐溶解于油中。当油中全部溶解气体（包括O_2、N_2）的分压总和与外部气体压力相当时，气体将达到饱和状态。据此可在理论上估计气体进入气体继电器所需的时间，即油中气体达到饱和状态所需时间。

$$S_{at}\%=10^{-4}\sum\frac{C_i}{k_i} \quad (6-9)$$

式中　$S_{at}\%$——油中溶解气体饱和水平；

C_i——气体成分（包括O_2、N_2）的浓度，μL/L；

k_i——气体成分的溶解度系数，即奥斯特瓦尔德系数。

油中溶解气体达到饱和时所需的时间为

$$t=\frac{1-\sum\frac{C_{i2}}{k_i}\times10^{-6}}{\sum\frac{C_{i2}-C_{i1}}{k_i\Delta t}\times10^{-6}} \quad (6-10)$$

式中 C_{i1}——i 成分第一次分析值，μL/L；

C_{i2}——i 成分第二次分析值，μL/L；

Δt——两次分析间隔的时间，月。

由于实际的故障往往是非等速发展，在故障加速发展的情况下估算出的时间可能比油中气体实际达到饱和的时间长，因此在追踪分析期间应随时根据最大产气速率重新进行估算，并修正所得的分析结果。

第7章 变压器状态评估技术

7.1 基于健康指数的电力变压器状态评估

目前，国内电网企业普遍采用扣分制进行电力变压器状态诊断，参与电力变压器状态评估的参量均具备权重系数与劣化程度两个属性，状态量权重系数与劣化程度的乘积即为该状态量扣分值，根据扣分值的大小，确定变压器的状态。这种评估方法简便易行，在规范电网企业开展状态检修工作中发挥了重要作用。然而，其不足也是非常明显：其一，参与评估的状态量越少，其状态为正常的可能性越高，从而陷入设备状态量数据越完整，其评估结果可能越差的怪圈；其二，对评估数据的完整性未进行评估，导致状态量评估结果的可信度差异较大。设备健康指数评估方法较好地解决了上述问题，此方法在内蒙古电力公司的应用取得了显著成效。

变压器的状态通过健康指数 HI 进行量化，健康指数以百分比表示，100%表示设备处于完好的状态。

健康指数由影响变压器寿命的诸多状态参数 CP 及其作用时间共同确定。一个状态参数可以由几个子状态参数组成。例如，一个“油质”的参数可能是“水分”“酸值”“界面张力”“击穿电压”和“外观”等参数的集合。

健康指数由各状态参数的评分及其权重计算得到。某一个状态参数的评分是关于该参数的数值计算，权重是该参数对设备状态退化贡献的度量。健康指数的计算公式如下：

$$HI=\frac{\sum_{m=1}^{m}\alpha_m(CPS_m\times WCP_m)}{\sum_{m=1}^{m}\alpha_m(CPS_{m.\max}\times WCP_m)}\times DR \tag{7-1}$$

$$CPS_m=\frac{\sum_{n=1}^{n}\beta_n(SCPS_n\times WSCP_n)\times DR_n}{\sum_{n=1}^{n}\beta_n(WSCP_n)}\times DR_m \tag{7-2}$$

式中 CPS——状态参数评分，范围为0～4；

WCP——状态参数权重；

α_m——状态参数数据有效性系数（1表示数据有效，0代表数据无效）；

β_n——子状态参数数据有效性系数（1表示数据有效，0代表数据无效）；

$SCPS$——子状态参数评分，范围为0～4；

$WSCP$——子状态参数权重；

DR——降级乘数。

用于对变压器的特定参数进行评分的尺度称为条件标准。条件标准的最低分为 0 分，最高分为 4 分，即 $CPS_{max}=SCPS_{max}=4$。

由式（7-1）、式（7-2）可知，每一个条件和子状态参数具有如下属性：权重、有效性系数、评分、由实际情况确定的健康指数下调系数。

7.1.1 健康指数公式的一般格式

健康指数公式的条件是由多个状态参数构成的，每个状态参数由多个子参数构成，每个状态参数和子状态参数都有一个权重和降级乘数。另外，总健康指数也可以用降级乘数进行调整，第一级参数和第二级参数的一般结构见表 7.1。

表 7.1　　第一级参数和第二级参数的一般结构

状态参数（第一层）						子状态参数（第二层）					
序号	参数	权重（WCP）	评分（CPS）	有效性系数（α）	降级乘数（DR_CP）	序号	参数	权重（$WSCP$）	评分（$SCPS$）	有效性系数（β）	降级乘数（DR_SCP）
1	CP_1	WCP_1	CPS_1	α_1	DR_CP_1	1	SCP_1	$WSCP_1$	$SCPS_1$	β_1	DR_SCP_1
						2	SCP_2	$WSCP_2$	$SCPS_2$	β_2	DR_SCP_2
						3	SCP_3	$WSCP_3$	$SCPS_3$	β_3	DR_SCP_3
						…	…	…	…	…	…
						n	SCP_m	$WSCP_m$	$SCPS_m$	β_m	DR_SCP_m
2	CP_2	WCP_2	CPS_2	α_2	DR_CP_2	1	SCP_1	$WSCP_1$	$SCPS_1$	β_1	DR_SCP_1
						2	SCP_2	$WSCP_2$	$SCPS_2$	β_2	DR_SCP_2
						3	SCP_3	$WSCP_3$	$SCPS_3$	β_3	DR_SCP_3
						…	…	…	…	…	…
						n	SCP_m	$WSCP_m$	$SCPS_m$	β_m	DR_SCP_m
…	…	…	…	…	…	1	SCP_1	$WSCP_1$	$SCPS_1$	β_1	DR_SCP_1
						2	SCP_2	$WSCP_2$	$SCPS_2$	β_2	DR_SCP_2
						3	SCP_3	$WSCP_3$	$SCPS_3$	β_3	DR_SCP_3
						…	…	…	…	…	…
						n	SCP_m	$WSCP_m$	$SCPS_m$	β_m	DR_SCP_m
m	CP_n	WCP_n	CPS_n	α_n	DR_CP_n	1	SCP_1	$WSCP_1$	$SCPS_1$	β_1	DR_SCP_1
						2	SCP_2	$WSCP_2$	$SCPS_2$	β_2	DR_SCP_2
						3	SCP_3	$WSCP_3$	$SCPS_3$	β_3	DR_SCP_3
						…	…	…	…	…	…
						n	SCP_m	$WSCP_m$	$SCPS_m$	β_m	DR_SCP_m

注　1. 通常情况下，状态参数数量不超过 5，子状态参数数量不超过 8，状态参数和子状态参数最大不超过 10。

2. 整体健康指数为降级乘数。

7.1.2　数据可用率指标

数据可用率指标（DAI）是变压器除了健康指数外的另一个度量。DAI 是加权的可用状态参数与加权的总状态参数的比值，表征了变压器拥有的状态参数的数量。计算公式见式（7-3）、式（7-4）。

$$DAI=\frac{\sum_{m=1}^{m}DAI_{CPm}\times WCP_{m}}{\sum_{m=1}^{m}WCP_{m}} \tag{7-3}$$

$$DAI_{CPm}=\frac{\sum_{n=1}^{n}\beta_{n}\times WSCP_{n}}{\sum_{n=1}^{n}WSCP_{n}} \tag{7-4}$$

式中　DAI_{CPm}——具有 n 个子状态参数的状态参数 m 的数据可用率指标；

β_n——子状态参数数据有效性系数（1 表示数据有效，0 代表数据无效）；

$WSCP_n$——子状态参数 n 的权重；

WCP_m——状态参数 m 的权重；

DAI——资产整体的数据可用率指标。

7.1.3　变压器的健康指数计算方法

1. 变压器状态参数及子状态参数

电力变压器的条件（子条件）参数及其权重见表 7.2。

表 7.2　电力变压器的状态参数及子状态参数

条件参数（第一层）				子条件参数（第二层）			
m	参数	权重（WCP）	降级乘数	n	参数	权重（$WSCP$）	降级乘数
1	绝缘	6	1	1	油质	3	1
				2	油色谱	6	1
				3	介质损耗因数	6	1
				4	绝缘问题	1	1
2	冷却系统	1	1	1	冷却系统问题	1	1
3	密封和连接	3	1	1	绝缘封堵	2	1
				2	油箱条件	2	1
				3	接地完整性	1	1
				4	油枕	2	1
				5	连接件	2	1
4	运行记录	3	1	1	负荷情况	5	取决于变压器过载情况
				2	运行年限	3	1

注　1. 子状态参数规则是基于故障检修工作指令和现场检查发现的缺陷制定的。将在表中列出的各章节作详细说明。

2. 只有当故障检修工作指令或者检查记录无法分解成单个部件时，才使用“整体”参数对运行记录进行评分，这种情况下，“整体”参数的值如表中所示，“负荷情况”“运行年限”的值为 0；否则，“整体”参数的值为 0，其他参数的值如表中所示。

3. 整体健康指数降级乘数由式（7-8）计算。

2. 状态参数规则

(1) 油质。

评估数据：油质最近一次测试数据集，包含击穿电压、界面张力、酸值、色度和水分。油质参数规则见表 7.3 所示。

表 7.3　　油质参数评分规则

评分（*SCPS*）	整　体　因　子	评分（*SCPS*）	整　体　因　子
4	整体因子≤1.2	1	2.0＜整体因子≤3.0
3	1.2＜整体因子≤1.5	0	整体因子＞3.0
2	1.5＜整体因子≤2.0		

其中，整体因子各子参数评分的加权平均数。计算公式见式 (7－5)。

$$整体因子=\frac{\sum 分值\times 权重}{\sum 权重} \tag{7-5}$$

表 7.4　　油质检测评分规则

油质检测项目	电压等级/kV	评　分				
		1	2	3	4	权重
水分/(mg/kg)	*V*≤66	*X*＜30	30≤*X*＜35	35≤*X*＜40	*X*≥40	5
	66＜*V*＜220	*X*＜20	20≤*X*＜25	25≤*X*＜30	*X*≥35	
	V≥220	*X*＜15	15≤*X*＜20	20≤*X*＜25	*X*≥25	
击穿电压 (2.5mm 放电间隙) /kV	*V*≤66	*X*＞40	35＜*X*≤40	30＜*X*≤35	*X*≤30	4
	66＜*V*＜220	*X*＞47	42＜*X*≤47	35＜*X*≤42	*X*≤35	
	V≥220	*X*＞50	45＜*X*≤50	40＜*X*≤45	*X*≤40	
击穿电压/kV	—	*X*＞40	30＜*X*≤40	20＜*X*≤30	*X*≤20	4
界面张力 /(mN/m)	*V*≤66	*X*＞25	20＜*X*≤25	15＜*X*≤20	*X*≤15	4
	66＜*V*＜220	*X*＞30	23＜*X*≤30	18＜*X*≤23	*X*≤18	
	V≥220	*X*＞32	25＜*X*≤32	20＜*X*≤25	*X*≤20	
外观	—	*X*＜1.5	1.5≤*X*＜2.0	2.0≤*X*＜2.5	*X*≥2.5	1
酸值 /(mg KOH/g)	*V*≤66	*X*＜0.05	0.05＜*X*≤0.1	0.1＜*X*≤0.2	*X*≥0.2	4
	66＜*V*＜220	*X*＜0.04	0.04≤*X*≤0.1	0.1＜*X*＜0.15	*X*≥0.15	
	V≥220	*X*＜0.03	0.03≤*X*≤0.07	0.07＜*X*＜0.1	*X*≥0.1	
25℃介质损耗因数/%	—	*X*＜0.5	0.5≤*X*＜1	1≤*X*＜2	*X*≥2	5
100℃介质损耗因数/%	—	X＜5	5≤X＜10	10≤X＜20	X≥20	

注　*X* 为各参数的测试结果。

(2) 油色谱。

评估数据：油色谱最近一次测试数据集，包含 CH_4、C_2H_6、C_2H_4、H_2、C_2H_2、CO、CO_2。油色谱的参数规则见表 7.5。

表7.5　　油色谱参数评分规则

评分（SCPS）	油色谱整体因子	评分（SCPS）	油色谱整体因子
4	油色谱整体因子≤1.2	1	2.0<油色谱整体因子≤3.0
3	1.2<油色谱整体因子≤1.5	0	油色谱整体因子>3.0
2	1.5<油色谱整体因子≤2.0		

其中，油色谱整体因子是表7.6中的溶解气体分值的加权平均数。

表7.6　　油中溶解气体评分规则

	油中溶解气体/(μL/L)	分值						权重
		1	2	3	4	5	6	
2.5～10MV·A	H_2	X≤70	70<X≤100	100<X≤200	200<X≤400	400<X≤1000	X>1000	4
	CH_4	X≤70	70<X≤120	120<X≤200	200<X≤400	400<X≤600	X> 600	3
	C_2H_6	X≤75	75<X≤100	100<X≤150	150<X≤250	250<X≤500	X>500	3
	C_2H_4	X≤60	60<X≤100	100<X≤150	150<X≤250	250<X≤500	X>500	3
	C_2H_2	X≤3	3<X≤7	7<X≤35	35<X≤50	50<X≤100	X>100	5
	CO	X<750	750<X≤1000	1000<X≤1300	1300<X≤1500	1500<X≤1700	X>1700	2
	CO_2	X<7500	7500<X≤8500	8500<X≤9000	9000<X≤12000	12000<X≤15000	X>15000	2
	CO_2/CO	X>20	15<X≤20	10<X≤15	7<X≤10	3<X≤7	X≤3	4
10MV·A以上	H_2	X≤40	40<X≤100	100<X≤300	300<X≤500	500<X≤1000	X>1000	4
	CH_4	X≤80	80<X≤150	80<X≤200	200<X≤500	500<X≤700	X>700	3
	C_2H_6	X≤70	70<X≤100	100<X≤150	150<X≤250	250<X≤500	X>500	3
	C_2H_4	X≤60	60<X≤100	100<X≤150	150<X≤250	250<X≤500	X>500	3
	C_2H_2	X≤3	3<X≤7	7<X≤35	35<X≤50	50<X≤80	X>80	5
	CO	X<350	350<X≤500	500<X≤600	600<X≤1000	1000<X≤1500	X>1500	2
	CO_2	X<3000	3000<X≤4500	4500<X≤5700	5700<X≤7500	7500<X≤10000	X>10000	2
	CO_2/CO	X>15	13<X≤15	10<X≤13	7<X≤10	3< X≤7	X≤3	4

注　如果CO>500μL/L并且CO_2>5000μL/L，权重选择CO_2/CO，即CO和CO_2的权重为0，CO_2/CO权重为4；如果CO<500μL/L并且CO_2<5000μL/L，选择CO和CO_2单项权重，即CO_2和CO权重为2，CO_2/CO权重为0。

（3）介质损耗因数（P_F）。

评估数据：介质损耗因数最近一次测试数据。

介质损耗因数的规则见表7.7。

表7.7　　介质损耗因数评分规则

评分（SCPS）	25℃时的介质损耗因数	评分（SCPS）	25℃时的介质损耗因数
4	P_F≤0.05%	1	1%<P_F≤2%
3	0.05%<P_F≤0.5%	0	P_F>2%
2	0.5%<P_F≤1%		

(4) 负荷情况。

评估数据：变压器的负荷数据集（比如：近5年每月持续时间超过15min峰值，过去一年每日的峰值）。

变压器负荷信息评分规则如下：

$$数据=\{S_1,S_2,S_3,\cdots,S_i,\cdots S_N\}$$

$$分值=\frac{4N_A+3N_B+2N_C+N_D}{N_A+N_B+N_C+N_D+N_E}$$

式中 S_i——变压器功率（$i=1$、2、3、…、N），MV·A；

N_A——$\frac{S_i}{S_B}\leqslant 60\%$的数量（$S_B$为变压器额定功率，MV·A）；

N_B——$60\%<\frac{S_i}{S_B}\leqslant 80\%$的数量；

N_C——$80\%<\frac{S_i}{S_B}\leqslant 100\%$的数量；

N_D——$100\%<\frac{S_i}{S_B}\leqslant 120\%$的数量；

N_E——$\frac{S_i}{S_B}>120\%$的数量。

(5) 运行年限。

输入数据：变压器的运行年限集。

由威布尔生存函数（累积生存函数）确定计算变压器的运行年限评分，并将其标准化到0～4分。评分公式如下：

$$S_{\mathrm{age}}=4S_{\mathrm{f}}=4\mathrm{e}^{-\left(\frac{x}{\beta}\right)^{\alpha}} \tag{7-6}$$

式中 S_{f}——威布尔累积生存率；

x——运行年限；

α、β——与函数形式相关的常数。

α、β由两组已知的累积生存率及其对应的运行年限数据来反推导。例如，对于40年累积生存率为80%、55年累积生存率为10%的一组资产，可以计算得到$\alpha=7.5$和$\beta=48.9$。

变压器运行年限评分规则如图7.1所示。

(6) 故障检修记录。

故障检修（CM）工作指令（WO）的评分规则有两套：第一个规则考虑多年来故障检修工作指令的数量和严重性；第二个规则只考虑了过去一年里故障检修工作指令的数量。

1) 规则1。

输入数据：在过去10年里，某一特定部件故障检修工作指令的集合。本规则假设每个故障检修工作指令都对应一个严重性，并且还考虑了故障检修工作指令发布的年份，时间越近，对总分的贡献就越高。规则可以根据各年度故障检修数量和严重性信息进行调整。规则1的故障检修评分规则见表7.8，故障检修计数计算规则见表7.9。

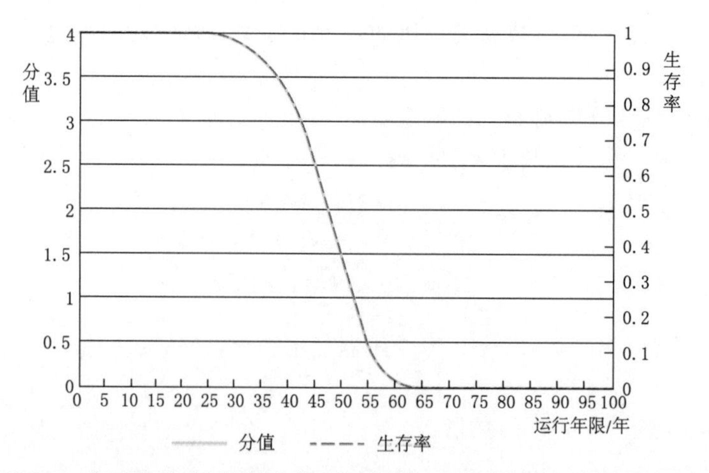

图7.1　变压器运行年限评分规则（分值、生存率与运行年限的关系）

表7.8　规则1的故障检修评分规则

分　值	故障检修计数	分　值	故障检修计数
4	故障检修计数<3	1	9≤故障检修计数<12
3	3≤故障检修计数<6	0	故障检修计数≥12
2	6≤故障检修计数<9		

表7.9　故障检修计数计算规则

年　份	严重程度评分				权　重
	1	2	3	4	
过去1年	低	中	高中	高	1
过去2年					0.9
过去3年					0.8
过去4年					0.7
过去5年					0.6
过去6年					0.5
过去7年					0.4
过去8年					0.3
过去9年					0.2
过去10年					0.1

故障检修计数可根据下式计算：

$$故障检修计数=\sum分值\times权重 \tag{7-7}$$

例如，2020年发生2次高级别故障，2017年发生1次中级别故障、2次低级别故障，则故障检修计数=1×4+1×4+0.7×2+0.7×1+0.7×1=10.8。

2）规则 2。

规则 2 在规则 1 的基础上做了简化，仅考虑过去一年中某一特定部件的故障检修数量。规则 2 的故障检修评分规则见表 7.10。

表 7.10　　规则 2 的故障检修评分规则

分　值	故障检修计数	分　值	故障检修计数
4	故障检修计数＜1	1	3≤故障检修计数＜4
3	1≤故障检修计数＜2	0	故障检修计数≥4
2	2≤故障检修计数＜3		

（7）运检缺陷记录。

可以采用两套检查记录规则进行评估。规则 1 考虑过去 5 年中通过检查发现的缺陷数量，规则 2 只考虑最近一次的检查缺陷及问题的严重性。具体选择哪套规则取决于哪些数据可用。

1）规则 1。

输入数据：在过去 5 年中通过例行检查发现某一部件的缺陷数量。规则 1 的检查计数评分规则见表 7.11。

表 7.11　　规则 1 的检查计数评分规则

分　值	检查缺陷计数	分　值	检查缺陷计数
4	检查缺陷计数＜1	1	3≤检查缺陷计数＜4
3	1≤检查缺陷计数＜2	0	检查缺陷计数≥4
2	2≤检查缺陷计数＜3		

检查缺陷计数可根据各年份里发现的缺陷数量加权计算。各年份的缺陷权重见表 7.12。

表 7.12　　各年份缺陷权重表

年　份	权　重	年　份	权　重
过去一年	1	过去四年	0.7
过去两年	0.9	过去五年	0.6
过去三年	0.8		

检查缺陷计数计算公式如下：

$$\text{检查缺陷计数}=\sum_{i} N_{i}\times \text{权重}_{i}$$

式中　N_i——某一年里例行检查发现的缺陷数量。

2）规则 2。

输入数据：最近一次的检查缺陷记录及其严重性。规则 2 的检查记录评分规则见

表 7.13。

表 7.13　规则 2 的检查记录评分规则

评　分	条　件　描　述				
4	优	无可见问题	好	合格	好
3	良	轻度			
2	中	中度	中		
1	差	严重			
0	更换	非常严重	差	不合格	差

3. 降级乘数（DR）

（1）状态参数的降级乘数。

状态参数的降级乘数由负荷信息确定。

输入数据：变压器负荷信息的集合（例如，过去 5 年内每月持续时间超过 15min 的峰值，或者过去一年内每日的峰值）。

假定负荷数据的集合为 $\{S_1, S_2, S_3, \cdots, S_i, \cdots, S_N\}$，变压器额定容量为 S_B，那么铭牌负荷率$=\{S_1/S_B, S_2/S_B, \cdots, S_i/S_B, \cdots, S_N/S_B\}$。

如果有两个及以上的数据点的铭牌负荷率大于 150%，那么降级乘数 $DR=0.6$；否则，$DR=1$。

（2）健康指数的降级乘数。

健康指数的降级乘数由油色谱数据的变化趋势确定。

输入数据：变压器油色谱多次历史检测数据，可经计算得到的油色谱子状态参数评分 $SCPS_{DGA}$。

首先计算最近 2～3 年 H_2、CH_4、C_2H_6、C_2H_4、C_2H_2、CO、CO_2 七种气体的增长趋势，如果最近 3 次检测样品中，以上任一种气体的增长率超过了 30%，或者在最近 2 次检测样品中，以上任一种气体的增长率超过了 20%，那么根据式（7-8）计算降级乘数；否则，$DR=1$。

$$DR=\begin{cases}1 & (SCPS_{DGA}>3)\\ 0.9 & (2<SCPS_{DGA}\leqslant 3)\\ 0.85 & (1<SCPS_{DGA}\leqslant 2)\\ 0.5 & (SCPS_{DGA}=\text{其他})\end{cases} \tag{7-8}$$

式中　DR——变压器健康指数的降级乘数；

$SCPS_{DGA}$——油色谱子状态参数评分值。

7.1.4　分接开关的影响

变压器整体的健康指数可以看作变压器本体健康指数与分接开关健康指数的组合，可通过下式计算：

$$HI = X \times HI_{变压器本体} + Y \times HI_{分接开关} \tag{7-9}$$

式中 X、Y——变压器本体与分接开关对应的权重。

如果 $HI_{变压器本体} \leqslant 50\%$，则 $X=1$，$Y=0$；如果 $HI_{变压器本体} > 50\%$，则 $X=0.5$，$Y=0.5$。

如果变压器有多个分接开关，则分接开关的健康指数为所有分接开关健康指数的最小值。

7.1.5 分接开关健康指数评估方法

根据分接开关灭弧方式的不同，将分接开关分为电弧型和真空型分别进行评估。电弧型分接开关状态参数及其权重见表7.14。

表7.14 电弧型分接开关状态参数及其权重

序号	描述	权重（WCP）	降级乘数（DR _ CP）	序号	参数	权重（WSCP）	降级乘数（DR _ SCP）	评分准则
1	绝缘	7	1	1	油色谱	4	1	表7.18、表7.19
				2	油质	3	1	表7.16、表7.17
				3	衬套	2	1	7.1.3第2部分6、7
2	密封和连接	3	1	1	油泄漏	2	1	7.1.3第2部分6、7
				2	油位	2	1	7.1.3第2部分6、7
				3	温度记录	10	1	7.1.3第2部分6、7
				4	干燥剂	1	1	7.1.3第2部分6、7
3	运行记录	5	1	1	运行年限	1	1	式（7-6）
				2	操作次数	5	1	表7.23
				3	整体	5	1	7.1.3第2部分6、7
4	操作机构	14	1	1	柜式加热器	2	1	7.1.3第2部分6、7
				2	控制开关/保险丝	5	1	7.1.3第2部分6、7
				3	旋转开关	9	1	7.1.3第2部分6、7
				4	分接选择器	3	1	7.1.3第2部分6、7
				5	转换选择器	1	1	7.1.3第2部分6、7
5	灭弧系统	9	1	1	油密封	1	1	7.1.3第2部分6、7
				2	灭弧室		1	7.1.3第2部分6、7
				3	接触器	5	1	7.1.3第2部分6、7
				4	电抗	1	1	7.1.3第2部分6、7
				5	电阻	1	1	7.1.3第2部分6、7
整体健康指数降级乘数				油色谱变化趋势				式（7-8）

注 1. 在给出多个标准的地方，具体选择哪个标准取决于哪些数据可用。
2. 同变压器本体评估一样，只有当工作指令或检查记录不能分解成单个部件时，才使用整体运行记录参数。在这种情况下，运行年限和操作次数权重为零，整体运行记录参数权重如本表所示。否则，整体运行记录参数的权重为0，其他参数的权重如本表所示。

真空型分接开关状态参数及其权重见表7.15。

表7.15 真空型分接开关状态参数及其权重

序号	描述	权重（WCP）	降级乘数（DR _ CP）	序号	参数	权重（WSCP）	降级乘数（DR _ SCP）	评分准则
1	绝缘	7	1	1	油色谱	4	1	表7.18、表7.19
				2	油质	3	1	表7.16、表7.17
				3	衬套	2	1	7.1.3第2部分6、7
2	密封和连接	3	1	1	油泄漏	2	1	7.1.3第2部分6、7
				2	油位	2	1	7.1.3第2部分6、7
				3	温度记录	10	1	7.1.3第2部分6、7
				4	干燥剂	1	1	7.1.3第2部分6、7
3	运行记录	5	1	1	运行年限	1	1	式（7-6）
				2	操作次数	5	1	表7.23
				3	整体	5	1	7.1.3第2部分6、7
4	操作机构	7	1	1	柜式取暖器	1	1	7.1.3第2部分6、7
				2	控制开关/保险丝	2	1	7.1.3第2部分6、7
				3	旋转开关	5	1	7.1.3第2部分6、7
				4	分接选择器	3	1	7.1.3第2部分6、7
				5	转换选择器	1	1	7.1.3第2部分6、7
5	灭弧系统	2	1	1	油密封	1	1	7.1.3第2部分6、7
				2	真空泡	2	1	7.1.3第2部分6、7
				3	接触器		1	7.1.3第2部分6、7
				4	电抗器	1	1	7.1.3第2部分6、7
				5	电阻器	1	1	7.1.3第2部分6、7
整体健康指数降级乘数				油色谱变化趋势				式（7-8）

注 1. 在给出多个标准的地方，具体选择哪个标准取决于哪些数据可用。
2. 同变压器本体评估一样，只有当工作指令或检查记录不能分解成单个部件时，才使用整体运行记录参数。在这种情况下，运行年限和操作次数权重为零，整体运行记录参数权重如本表所示。否则，整体运行记录参数的权重为0，其他参数的权重如本表所示。

1. 油质

油质评估数据主要包含击穿电压、界面张力、酸值、色度和水分等。分接开关油质参数评分标准见表7.16，分接开关油质检测分值见表7.17。

表7.16 分接开关油质参数评分标准

评分（SCPS）	整体因子	评分（SCPS）	整体因子
4	整体因子≤1.2	1	2.0＜整体因子≤3.0
3	1.2＜整体因子≤1.5	0	整体因子＞3.0
2	1.5＜整体因子≤2.0		

注 整体因子是表中的油质检测分值的加权平均数。

表 7.17　　分接开关油质检测分值

油质检测项目	电压等级/kV	评分				
		1	2	3	4	权重
水分/(mg/kg)	$V\leqslant 69$	$X<30$	$30\leqslant X<35$	$35\leqslant X<40$	$X\geqslant 40$	5
	$69<V<230$	$X<20$	$20\leqslant X<25$	$25\leqslant X<30$	$X\geqslant 35$	
	$V\geqslant 230$	$X<15$	$15\leqslant X<20$	$20\leqslant X<25$	$X\geqslant 25$	
击穿电压(2mm 放电间隙)/kV	$V\leqslant 69$	$X>35$	$30<X\leqslant 35$	$25<X\leqslant 30$	$X\leqslant 25$	3
	$V>69$	$X>40$	$30<X\leqslant 40$	$20<X\leqslant 30$	$X\leqslant 20$	
击穿电压/kV	—	$X>40$	$30<X\leqslant 40$	$20<X\leqslant 30$	$X\leqslant 20$	3
界面张力/(mN/m)	$V\leqslant 69$	$X>25$	$20<X\leqslant 25$	$15<X\leqslant 20$	$X\leqslant 15$	2
	$69<V<230$	$X>30$	$23<X\leqslant 30$	$18<X\leqslant 23$	$X\leqslant 18$	
	$V\geqslant 230$	$X>32$	$25<X\leqslant 32$	$20<X\leqslant 25$	$X\leqslant 20$	
色度	—	$X<1.5$	$1.5\leqslant X<2.0$	$2.0\leqslant X<2.5$	$X\geqslant 2.5$	2
酸值/(mg KOH/g)	$V\leqslant 69$	$X<0.05$	$0.05\leqslant X<0.1$	$0.1\leqslant X<0.2$	$X\geqslant 0.2$	1
	$69<V<230$	$X<0.04$	$0.04\leqslant X<0.1$	$0.1\leqslant X<0.15$	$X\geqslant 0.15$	
	$V\geqslant 230$	$X<0.03$	$0.03\leqslant X<0.07$	$0.07\leqslant X<0.1$	$X\geqslant 0.1$	
25℃介质损耗因数/%	—	$X<5$	$5\leqslant X<10$	$10\leqslant X<20$	$X\geqslant 20$	5
100℃介质损耗因数/%	—	$X<30$	$30\leqslant X<35$	$35\leqslant X<40$	$X\geqslant 40$	

注　X 为测试结果。

2. 油色谱

油色谱数据包含 CH_4、C_2H_6、C_2H_4、H_2、C_2H_2、CO、CO_2 等气体。

分接开关油色谱评分标准见表 7.18。

表 7.18　　分接开关油色谱评分标准

评分（*SCPS*）	油色谱整体因子	评分（*SCPS*）	油色谱整体因子
4	油色谱整体因子≤1.2	1	2.0＜油色谱整体因子≤3.0
3	1.2＜油色谱整体因子≤1.5	0	油色谱整体因子＞3.0
2	1.5＜油色谱整体因子≤2.0		

油色谱整体因子可使用油中溶解气体绝对值或者油中溶解气体比值来确定，具体选用哪套标准取决于哪些数据可用。

（1）标准 1：油中溶解气体绝对值。

根据油中溶解气体绝对值确定的分接开关油色谱分值及权重，见表 7.19。

有载分接开关的油色谱依赖于开关操作次数，表 7.20 中有载分接开关油中溶解气体各分值上下限适用于操作次数小于 1000 次的情况。当操作次数（N）大于 1000 时，相应的上下限值也会增加。新限值见表 7.20。

表 7.19　　分接开关油色谱分值

油色谱/(μL/L)	分值					权重	
	1	2	3	4	5	电弧型	真空型
自由呼吸型							
CH_4	$X\leqslant100$	$100<X\leqslant200$	$200<X\leqslant300$	$300<X\leqslant1000$	$X>1000$	3	3
C_2H_6	$X\leqslant100$	$100<X\leqslant130$	$130<X\leqslant200$	$200<X\leqslant1000$	$X>1000$	4	4
C_2H_4	$X\leqslant450$	$450<X\leqslant850$	$850<X\leqslant1500$	$1500<X\leqslant2000$	$X>2000$	5	4
C_2H_2	$X\leqslant2000$	$2000<X\leqslant4000$	$4000<X\leqslant5500$	$5500<X\leqslant7000$	$X>7000$	3	5
密封型							
CH_4	$X\leqslant300$	$300<X\leqslant600$	$600<X\leqslant2000$	$2000<X\leqslant5000$	$X>5000$	3	3
C_2H_6	$X\leqslant100$	$100<X\leqslant250$	$250<X\leqslant500$	$500<X\leqslant1000$	$X>1000$	4	4
C_2H_4	$X\leqslant200$	$200<X\leqslant500$	$500<X\leqslant1000$	$1000<X\leqslant3000$	$X>3000$	5	4
C_2H_2	$X\leqslant1000$	$1000<X\leqslant3500$	$3500<X\leqslant7000$	$7000<X\leqslant10000$	$X>10000$	3	5

注　X 为测试结果。

表 7.20　　通过操作次数计算的新限值

油色谱气体参数	新标准值（L_{new}）	油色谱气体参数	新标准值（L_{new}）
CH_4	$L_{new}=0.116\times N+L_{old}$	C_2H_4	$L_{new}=0.65\times N+L_{old}$
C_2H_6	$L_{new}=0.08\times N+L_{old}$	C_2H_2	$L_{new}=0.41\times N+L_{old}$

注　L_{old} 为表 7.20 中对应的限值。N 为分接开关操作次数。

（2）标准 2：油中溶解气体比值。

油色谱分值计算见表 7.21。

表 7.21　　油色谱分值计算

油色谱/(μL/L)	分值					权重
	1	2	3	4	5	
C_2H_4/C_2H_2	$X<0.33$	$0.33\leqslant X<0.67$	$0.67\leqslant X<1$	$1\leqslant X<1.33$	$X\geqslant1.33$	3
C_2H_6/CH_4	$X<0.2$	$0.2\leqslant X<0.4$	$0.4\leqslant X<0.6$	$0.6\leqslant X<0.8$	$X\geqslant0.8$	2
H_2	$X<70$	$70\leqslant X<500$	$500\leqslant X<1000$	$1000\leqslant X<1500$	$X\geqslant1500$	1

注　当油中溶解气体满足 $H_2<1500\mu L/L$ 且 $C_2H_4<1000\mu L/L$ 且 $C_2H_2<1000\mu L/L$ 时，整体因子值为 1.2。

（3）操作次数（N）。

输入数据：自投运或上次大修起的操作次数和最大允许操作次数（A）。操作次数占最大允许操作次数的百分比评分见表 7.22。

表 7.22　　操作次数占最大允许操作次数的百分比评分

评分（$SCPS$）	操作次数占最大允许操作次数的百分比	评分（$SCPS$）	操作次数占最大允许操作次数的百分比
4	$N\leqslant80\%A$	1	$100\%A<N\leqslant120\%A$
3	$80\%A<N\leqslant100\%A$	0	$N>120\%A$

7.2 基于故障风险的电力变压器状态评估

为了对越来越多的运行年限超过20年的电力变压器进行准确评估诊断，ABB公司于2002年研发了中期变压器管理软件MTMP，其基于变压器容量、价值、负荷重要性、有无备用等因素，得出被评估变压器的重要度，形成以设备故障概率为横轴，设备重要度为纵轴的二维设备状态分布图。该评估软件从故障时变压器损坏风险、绕组过热风险、绝缘击穿风险、变压器附件故障风险、变压器随机故障风险和金属过热风险6方面对变压器进行故障概率分析。内蒙古电力科学研究院于2015年在国内首次引入ABB公司的MTMP计算程序，现对其评估方法介绍如下。

7.2.1 变压器重要度评估方法

变压器重要度评估考虑了变压器价值 A_1、供电用户等级 A_2 和设备地位 A_3 三个因素，每个因素分成多个等级，取值范围为0～10，计算公式如下：

$$I=\sum_{i=1}^{3}W_iA_i \tag{7-10}$$

式中 I——变压器重要度；

A_1——设备价值因素（取值为1～3、4～7、8～10）；

A_2——用户等级因素（取值为3、6、10）；

A_3——设备地位因素（取值为1或3、4或6、8或10）；

$W_{1\sim3}$——权重系数（取值为0.4、0.3、0.3）。

设备价值根据设备的电压等级划分，可直接反映设备固有成本以及损坏后的维修或更换成本，设备价值分为三级。

用户等级根据设备所在变电站所供负荷对国民经济和社会发展的重要程度划分为三级。一级用户定义标准为：①中断供电时将造成人身伤亡；②中断供电时将在经济上造成重大损失；③中断供电时将影响到有重大政治、经济意义的用电单位的正常工作。二级用户定义标准为：①中断供电时将在经济上造成较大损失；②中断供电将影响重要单位的正常工作。三级用户定义标准为：不属于一级和二级的用户。

设备地位根据设备所在变电站在电网中的重要度划分，可分为枢纽变电站、中间变电站和终端变电站，同时考虑根据变电站网架结构是否满足 $N-1$ 的要求。

资产因素的取值范围见7.23。

表7.23 资产因素取值范围

设备价值		用户等级		设备地位		
电压等级/kV	取值范围	用户等级	取值	设备地位		取值
110	10～30（含）	三级用户	30	终端变电站	满足 $N-1$	10
					不满足 $N-1$	30

续表

设备价值		用户等级		设 备 地 位		
电压等级/kV	取值范围	用户等级	取值	设备地位		取值
220	40～70（含）	二级用户	60	中间变电站	满足 $N-1$	40
					不满足 $N-1$	60
500	80～100（含）	一级用户	100	枢纽变电站	满足 $N-1$	80
					不满足 $N-1$	100

7.2.2 变压器故障概率评估方法

1. 设计参数评估

变压器的设计评估和状态评估是变压器寿命判断和资产管理的重要步骤。变压器设计参数评估在目前国内通常被忽视，但其往往揭示了许多关于变压器制造工艺的演化过程，如变压器采用哪些特定替代材料或工艺将影响性能改进或负载增加，变压器绕组使用热改性绝缘纸将极大地提高高温下变压器的绝缘强度。

对设计参数的详细评估可确定变压器运行中可能存在的风险。

（1）变压器的电气性能和损耗的评估，包括：

1）直流电阻和涡流损耗、环形电流损耗、总体绕组损耗的分布规律以便确认真实最热点部位。

2）铁损分布以确认铁芯过热点的位置。

3）励磁电流，判断是否有过励可能。

4）是否存在磁屏蔽。

5）导体的连接方式等。

（2）评估机械设计可确定变压器是否能够承受短路电动力而不发生损伤。

（3）对于相同类型的其他变压器典型的其他已知原因的故障的设计参数评估。

2. 运行状态评估

变压器设计参数评估被嵌入运行状态的评估单元中，图 7.2 所示为风险单元状态评估故障树，其中包含了故障时损坏、绕组过热、绝缘击穿、附件故障、随机故障和金属过热 6 大风险评估单元。本方法采取打分制，图 7.2 中⊠表示该影响因素使用带权重系数的乘法运算，⊞表示该因素仅是叠加关系，使用加法运算。状态评估基于 RCM（以可靠性为中心的维修）思想，融合了 FAT（故障树）、FMEA（故障模式与影响因素分析）、Bayesian Network（贝叶斯网络）等方法，最终结果是合成分数越高，其故障风险越高。

（1）故障时损坏风险评估单元。薄绝缘因子是指具有低于正常基本绝缘水平的变压器由于较短的绝缘路径而具有更高的击穿风险。由于重合闸可能导致故障状态下的不对称故障电流，在绕组温度较高的情况下，重合闸会造成绕组变形或绝缘损伤，同时多次自动重合闸将导致保护动作时间过长，因此重合闸作为增加损坏风险的重要因子被列入评估单元。容量参量实际值取容量的平方根，其目的是为了将平均故障危险与变压器的尺寸和功率相关联；重大故障发生率因子是指变压器每年经历的重大故障次数，如果没有数据可用，或者每年通过故障次数小于 2.5，则设置故障值为 2.5。老化因子是指相同类型的变

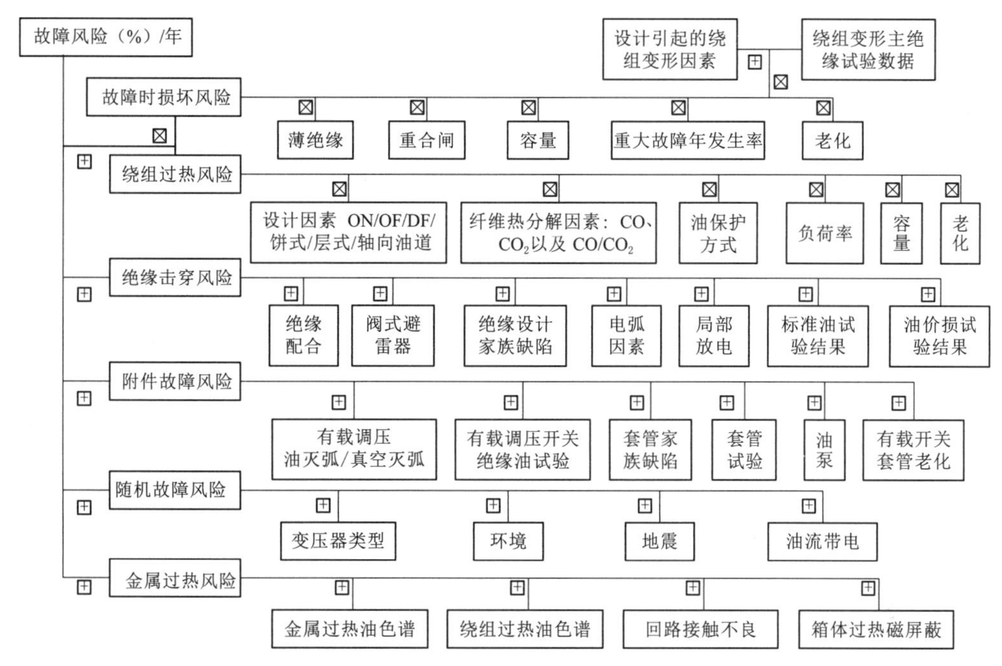

图 7.2　风险单元状态评估故障树

压器的平均击穿概率。设计因子决定了变压器端子短路时绕组中机械运动或变形的相对风险。绕组变形主绝缘数据因子的鉴别主要是基于电容量和短路阻抗或其他可反映变压器相邻绕组间几何距离之间变化的设计参数关系。

（2）绕组过热风险评估单元。热设计因子是指基于包括变压器内部温度分布不均匀或不同冷却方式等特定设计造成的绕组特定部位发生异常过热，并且可能遭受纸绝缘发生热恶化的风险。纤维热分解因子的设置区别于国内通用的三比值法，判断理论基础则是由于绕组中的纤维素绝缘体的热分解产生 CO 和 CO_2 气体，这些气体的异常高含量是纸张中过度老化和脆性风险的指示。油保护方式因素主要针对热引起的变压器油分解相对风险，恒定的油存储系统有助于限制油中的水分和氧气的含量，并降低与之相关的热分解风险。负载因子将热分解的风险与变压器的负载相关联，具有较高负载的变压器通常具有较高的绕组温度，会加速绝缘老化。容量参量实际值取容量的平方根，容量越大的变压器漏磁越大，越不容易控制热点温升。老化因子在本单元的意义是根据热点模拟设置变压器在最高运行温度下的最大承受负荷，指导变压器延长高负载的运行时间。图 7.3 所示为判断老化因子的详细逻辑流程及影响因素。

（3）绝缘击穿风险评估单元。绝缘配合因子主要考核设计值和额定值的匹配度。避雷器类型因素是指具有火花隙避雷器的老旧变压器可能比具有较新 ZnO 避雷器的变压器经历过更高的过电压，具有较高的绝缘破坏风险，此类因子也可用瞬态过电压因子代替。绝缘设计家族缺陷因子是指已知缺陷的变压器或某部件或材料或设计理念等绝缘设计具有更高的绝缘击穿危险。电弧放电因子的参考来源是 DGA（油色谱）乙炔值的异常含量。局部放电因子参考来源是来自 DGA（油色谱）氢气值的异常含量；标准油试验结果在本单

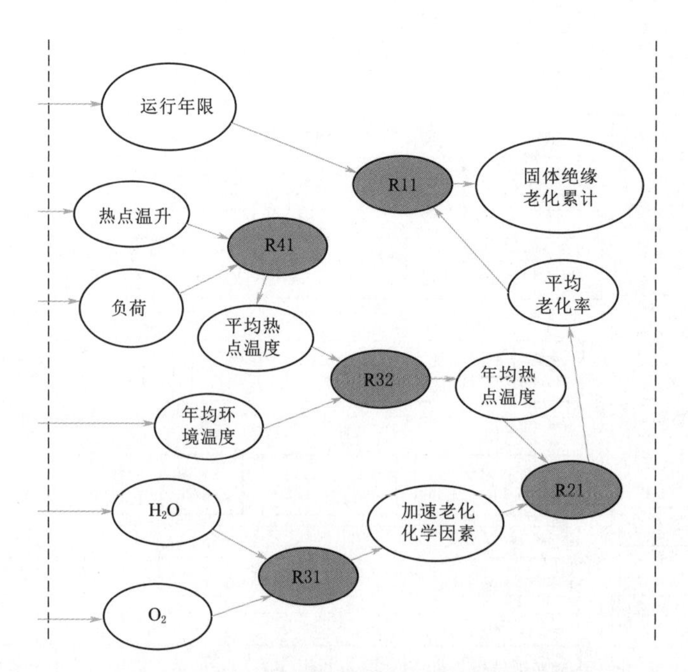

图 7.3　判断老化因子的详细逻辑流程及影响因素

元中的评分比重非常大，本方法更为科学的根据不同的气体组分分别设定三种大卫三角形（图 7.4）给出变压器可能出现的故障和部位，同时与国内油色谱的关注重点不同，本方法中抗氧化剂含量和界面张力也是重点考核值。油介电系数是指具充油变压器超过油老化推荐极限值的测试结果具有更高的介质击穿风险。

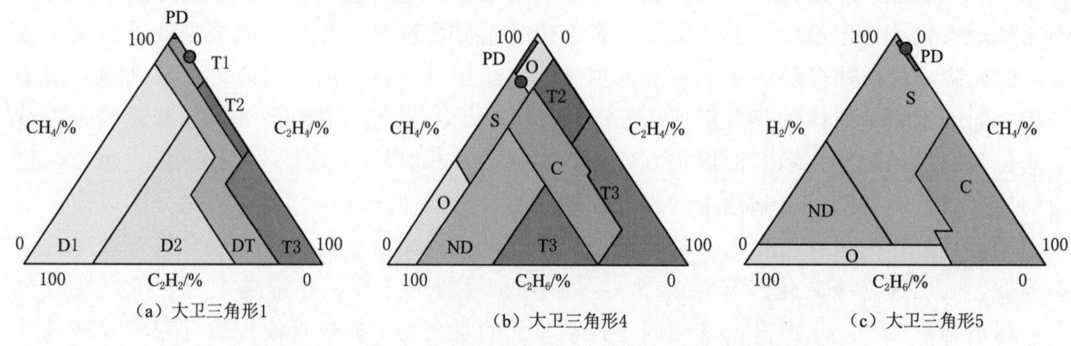

图 7.4　大卫三角形不同气体组分对应的不同故障风险

（4）附件故障风险评估单元。有载调压开关类型因子是指不同的灭弧方式会导致不同等级的故障风险，真空灭弧系统在保证其真空度的前提下，运行风险低于传统油灭弧方式。有载调压开关 DGA（油色谱）在特殊情况加入风险评估单元。套管家族缺陷可根据历史数据，从套管类型直接获得。套管试验诊断因子是指具有较高功率因数或功率因数明显增加的套管具有击穿风险。引入油泵装置因子是由于滚珠轴承泵通常具有较高的承载泵的风险，该类泵存在将金属释放到变压器中而使主变压器发生故障的风险。运行年限超过

20年的有载调压开关或套管击穿风险明显增加。

(5) 随机故障风险评估单元。变压器类型因子是指特定的变压器类型，如移相变压器和工业变压器，通常显示比其他类型的变压器击穿风险更高。环境因子是变压器运行的环境对击穿风险的影响，例如地理位置的影响，人口稠密地区高载能工业区的变压器通常具有较高的击穿风险，或经受短路冲击电流频繁或开关动作频繁的变压器击穿的风险也会上升，也包括污秽和盐污等。地震因素是指具有较高地震风险的区域中的变压器在发生地震时由于绕组运动或套管或其他附件的损坏而承受较高的击穿风险。油流起电因子是指在特定时间段内产生的特定类型变压器由于流动通电而具有较高的击穿频率。

(6) 金属过热风险评估单元。对金属过热DGA（油色谱）因子的考核主要根据较高含量的特定可燃气体总量（通常是指H_2、CO、烃类气体）占所有产生气体的不同百分比进行故障风险性质定性；绕组过热DGA（油色谱）因子通过可燃气体内碳元素的含量实现绝缘材料劣化分解程度的判别。借助在轻负载情况下产生的可燃气体和CO_2气体含量，可判断变压器是否存在松动的压接或螺钉连接或焊接连接等接触不良故障风险，使用色谱法判断该类故障风险比“直流电阻＋红外测温”方法对热故障更为敏感。通常通过红外热像仪确定的存在箱体过热点的变压器存在油劣化的危险或内部箱体壁的屏蔽问题。

3. *寿命评估*

寿命评估是基于设计参数主要依据历史负载、运行数据等参数，在综合考虑变压器绕组热点温度、水分、油中氧含量等参数的条件下，结合变压器年平均负荷，对线圈最热点部位温度进行估算，根据6度法则推算变压器热点处绝缘件预期剩余寿命。

7.3 基于最大等效变形量的绕组辐向变形程度评估

针对目前变压器绕组辐向变形程度无法准确判断的现状，作者基于绕组辐向最大等效变形量与绕组辐向变形程度物理量，推导出变压器绕组辐向变形程度与绕组对短路电抗变化率之间的关系，赋予短路电抗变化率以明确的物理意义。现场应用情况表明，其对绕组辐向变形程度的判断灵敏度优于《电力变压器绕组变形的电抗法检测判断导则》(DL/T 1093—2018)，尤其是对于大容量、高阻抗变压器，其优势更明显。

7.3.1 概述

目前判断电力变压器绕组辐向变形程度常用的方法有绕组频率响应特性分析法、低电压短路电抗法、电容量法、扫频阻抗法等。然而，这些判断方法给出的判断结论均不能定量地反映绕组实际变形程度。如通常认为判断灵敏度最高的绕组频率响应分析法，其根据不同频段的频率响应曲线相关度，给出绕组正常、轻微变形、显著变形或严重变形的结论，但具体到绕组本身，没能说明究竟变形的尺度相对有多大；再如绕组变形的电抗法检测，仅规定了电抗变化率的注意值，当电抗变化率超注意值时，认为绕组发生变形，但变形程度如何，依然能不确定。孟建英等人提出了基于短路电抗变化率的适用于110kV电力变压器辐向变形判断方法，解决了110kV电力变压器绕组辐向变形程度判断问题。扫频电抗与电容量测试结果判断方法与此类似，均不能定量反映绕组变形程度。

本书基于绕组最大辐向变形量与变形程度的物理量，推导出包含纵向洛氏系数变化的电力变压器绕组辐向变形程度的通用计算式，现场应用结果表明，其弥补了现行判断方法的不足，能够灵敏的反应绕组辐向变形程度，且对同心式绕组均适用。

7.3.2　电力变压器辐向变形模式

变压器绕组流过短路电流时，由于电源侧绕组与负荷侧绕组电流方向近似相反，因此辐向电动力总是试图使绕组间主漏磁空道面积增大，内部绕组的导线，受辐向压缩力的影响，支撑结构间弯曲或翘曲。由于内部绕组轴向撑条的刚度通常高于导线，沿着圆周、撑条间的导线会发生如图7.5所示的翘曲，绕组变形端部视图如图7.6所示。可见，发生变形后，其等效平均半径减小。

图7.5　绕组辐向变形实例

目前电力变压器均采用如图7.7所示的油-绝缘纸筒的主绝缘结构。目前典型产品的主绝缘结构已经相对固定，对于110kV及以上电压等级的绕组，同一个铁芯柱上不同电压等级的绕组间的主绝缘，绝缘纸筒厚度占整个绝缘距离的比例为17%～19%；对于35kV及以下电压等级的绕组，约为22%。

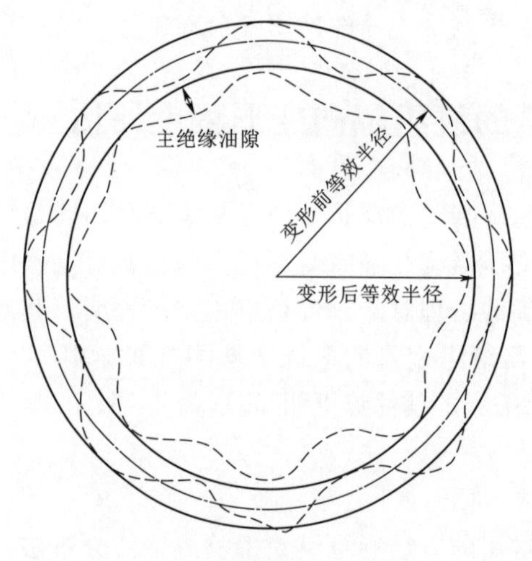

图7.6　绕组变形示意图

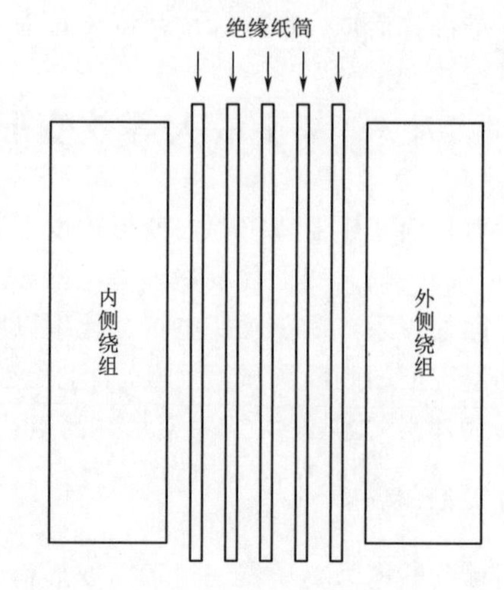

图7.7　绕组主绝缘结构

7.3.3　绕组变形程度的定义

当变压器绕组发生如图7.5所示的变形时，由图7.7所示的变压器主绝缘结构可知，在绝缘撑条支撑的部分，绕组半径保持不变，在相邻的两根撑条之间，外侧绕组变形部分向内侧绕组的最大凹陷量为绕组间主绝缘中油隙宽度之和，即绕组主绝缘尺寸与绝缘纸筒厚度之差。可见，由于受到绕组主绝缘结构的限制，处于内侧的变形绕组存在一个最大变形量。显而易见，与其他形式的辐向变形模式相比，图7.5所示的所有相邻撑条间贯穿绕组轴向的强制变形，具有最大的等效平均半径减小量，即最大变形量，其值为主绝缘油隙宽度的一半。因此，可定义绕组辐向变形程度 x 为变形绕组等效平均半径的减小量与等效平均半径最大减小量之比，x 为 0 时，表示绕组完全未发生变形；x 为 1 时，意味着绕组完全变形。可见，x 直观地反映了绕组实际变形程度。

7.3.4　绕组变形程度与绕组对短路电抗变化率的关系分析

以三绕组变压器处于中间的绕组发生辐向变形为例进行说明，其分析方法适用于辐向排列于同一铁芯柱的任意一对绕组。如图 7.8 所示，设 r_1、r_2 分别为绕组 1 和绕组 2 正常情况下的平均半径，a_1、a_2 分别为绕组 1 和绕组 2 的辐向宽度，a_{12} 为绕组间的主绝缘空道尺寸，r_{12} 为绕组间的主绝缘空道平均半径。

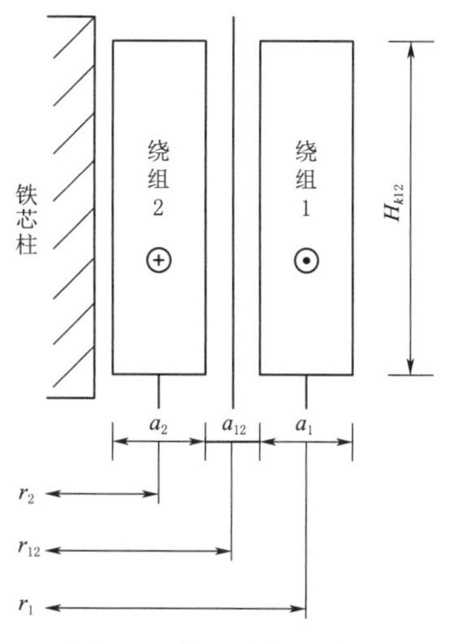

图 7.8　绕组结构示意图

设主绝缘空道中油隙宽度所占比例为 k，绕组 1 发生辐向变形后等效平均半径减小量与变形前平均半径的比值为 δ，则变形程度 x 为

$$x=\frac{2\delta r_1}{ka_{12}} \tag{7-11}$$

对于特定的变压器，由于主绝缘结构是确定的，因此式中仅 δ 为变量。

电力变压器绕组对的短路电抗计算公式为

$$X_K=\frac{49.6fW_1^2\sum D_{12}\rho_{12}}{H_{k12}\times 10^8}\ (\Omega) \tag{7-12}$$

式中　$\sum D_{12}$——绕组对等效漏磁面积，cm^2；

f——频率；

W_1——绕组 1 匝数；

ρ_{12}——洛氏系数；

H_{k12}——绕组平均电抗高度，cm。

当绕组 1 发生辐向变形后，其等效平均半径减小量与变形前平均半径的比值为 δ 时，$\sum D_{12}$ 为

$$\sum D_{12}=\frac{1}{3}a_2r_2+\frac{1}{3}a_1r_1(1-\delta)+(a_{12}-r_1\delta)\left(r_{12}-\frac{1}{2}r_1\delta\right) \tag{7-13}$$

$$\rho_{12}=1-\frac{a_2+a_{12}-r_1\delta+a_1}{\pi H_{12}}$$

根据式（7-12），将式（7-13）中 δ 用 x 表示，则可得绕组 1 辐向变形程度与绕组 1、绕组 2 绕组对的短路电抗之间的关系如下：

$$X_{K(x)}=C_1x^3+C_2x^2+C_3x+C_4 \tag{7-14}$$

其中，C_1、C_2、C_3 和 C_4 对具体变压器为常数，该公式建立了一对绕组间短路电抗 $X_{K(x)}$ 与绕组 1 辐向变形程度 x 之间的关系。可见，当 $x=0$ 时，$X_K=C_4$，为正常情况下绕组对的短路电抗。

根据式（7-14），短路电抗变化率 ΔX_{12} 可表示为

$$\Delta X_{12}=\frac{X_{K(x)}-C_4}{C_4} \tag{7-15}$$

最终可得

$$x=K\Delta X_{12} \tag{7-16}$$

式（7-16）建立变压器绕组变形程度与短路电抗变化率之间的关系。对于特定变压器，K 为常量。不同绕组排列方式与容量等变压器，其差异较大，典型 110～500kV 电力变压器计算结果表明其值介于 10～50 之间，对于三绕组电力变压器的高低压绕组对，K 通常大于 25。若高低压绕组对短路电抗变化率达到 1%，对应于 $K=25$ 的情形，低压绕组等效变形程度则为 0.25；对应于 $K=50$ 的情形，低压绕组等效变形程度则达到 0.5。

可见，对于不同的电力变压器的不同绕组对，K 的大范围变化说明相同的短路电抗变化率对应的实际等效变形程度完全不同。对应于《电力变压器绕组变形的电抗法检测判断导则》（DL/T 1093—2018）的判断标准，其统一的注意值对于不同变压器，对应的绕组实际变形程度可能完全不同。

本书所论述的方法对所有绕组对具有相同的判断灵敏度。

第8章 典型变压器故障案例分析

8.1 绕组变形故障诊断案例分析

8.1.1 变压器短路故障概述

随着电力系统的发展，各电压等级的短路视在容量越来越大，在变压器阻抗电压不变的条件下，其承受的短路电流也就越来越大。另外，随着制造技术的进步，单台变压器的容量也在不断增大，而对于相同电压等级、相同运行方式的变压器，其阻抗电压通常相差不大，因此，短路阻抗有名值将成比例减小，也导致变压器承受的短路电流增加；同时，由于大型电力变压器效率较高，其单位容量所对应的负载损耗减小，导致短路电流中非周期分量冲击系数变大。综合以上因素，若大型电力变压器依旧维持原有抗短路能力不变，其遭受短路电流产生的电动力冲击发生损坏的风险日益增大。

实际运行经验表明，变压器在短路电动力作用下发生绕组损坏或引线位移是最常见的故障现象。在由辐向短路电磁力引起的绕组损坏事故中，受辐向压缩力作用的绕组损坏事故远远多于受辐向拉伸力作用的绕组损坏事故。不论是辐向短路电磁力所引起的绕组损坏事故，还是轴向短路电磁力所引起的绕组损坏事故，其损坏部位大多发生在铁芯窗口内部。一方面是由于铁芯窗口内部区域的漏磁场比铁芯窗口外部区域的漏磁场要强，因而此部分绕组相应所受的短路电磁力比较大；另一方面是由于铁芯窗口内部的绕组轴向压紧比较薄弱，因而绕组相应部位在短路电磁力作用下的变形较大。

对于紧靠铁芯柱放置的变压器内绕组或多绕组变压器的中间绕组，在变压器短路状况下，受到辐向短路电磁力所引起的径向压缩作用。中型以上变压器内绕组的辐向失稳是变压器在辐向短路电磁力作用下损坏的主要形式。在绕组圆周方向的某些撑条间隔内整个线饼的所有导线都向里塌陷，而在相近的撑条间隔内整个线饼的所有导线都向外凸出。这种梅花状的局部变形不仅在某一线饼的整个圆周上是不对称的，而且在整个绕组的高度方向上也不一定是所有线饼都产生这种变形损坏。当受辐向短路电磁力作用的绕组因线饼辐向失稳而损坏时，其主、纵绝缘皆会受到影响，但最容易损坏的是导线的匝绝缘，从而会进一步导致绕组的匝间短路而产生严重的绕组局部烧损。

目前提高变压器内绕组的辐向稳定性主要采用以下措施：

(1) 最根本的措施是提高绕组导线材料的弹性模量，用半硬导线代替软导线，提升其屈服强度。

(2) 采用自粘换位导线绕制的变压器绕组，其线饼辐向失稳的平均临界压力值比非自粘换位导线的情况要高许多。

(3) 对于承受辐向压缩短路力作用的变压器内绕组，用硬纸筒做骨架，并在铁芯级间台阶处加圆木支撑，以提高绕组内部撑条支撑的有效性。

(4) 线饼辐向导线之间要绕制的尽量紧密，减少各并列导线之间可能的间隙，避免绕组绕制的初始不均匀。

(5) 绕组结构上使其内径支撑数量适当增加，在工艺上进行整体套装并采取恒压干燥处理工艺。

(6) 加强绕组出头（特别是螺旋式绕组出头）的绑扎，用热收缩涤纶丝带对出头进行紧固。

绕组的轴向失稳是指在变压器短路过程中绕组某些线饼导线倾斜倒塌的现象，它是受短路轴向电动力和短路辐向电动力共同作用的绕组损坏的主要形式。轴向失稳的情况下，绕组主要电气参量改变较小，现场常用的低电压短路阻抗法、绕组电容量法等对其检出有效性较低，故障特征具有隐秘性。

为了提高变压器绕组抗短路轴向电动力作用的能力，一般在变压器器身装配完成后，对绕组施加一定的轴向预压紧力。若绕组的轴向预压紧力小于短路过程中作用在绕组线饼上的轴向电动力，则在周期变化的短路轴向电动力作用下，绕组某些部位的线饼与线饼之间、线饼与垫块之间会由于线饼的轴向振动而出现空隙。这些空隙的出现，除了造成导线匝绝缘摩擦破损形成匝间短路故障以外，在辐向短路力的共同作用下，还必然导致辐向垫块的松动移位和线饼导线的倾斜倒塌。如果绕组的某些导线在绕制过程中就存在微小倾斜，或是绕组的轴向预压紧力过大而导致了线饼某些导线的微小倾斜，或是导线的宽厚比过大，这些因素都会增加短路过程中线饼导线倾斜倒塌的可能性。

目前提高绕组轴向稳定性主要采用以下措施：

(1) 准确选取与保持足够的绕组轴向预紧压力。绕组轴向预紧压力值的选取，既要考虑绕组短路轴向电动力的大小，又不能超过线饼的轴向失稳临界压力值。同时还要考虑在变压器装配过程中对轴向预紧压力控制的准确程度和变压器长期运行中绝缘件尺寸的收缩而导致轴向预紧压力降低的影响。目前220kV电力变压器绕组轴向预紧压强通常为3～3.5MPa。

(2) 采用高密度、低收缩率纸板制作线饼间辐向垫块或是对其进行预密化处理。这样，可减少垫块在使用过程中的残余（永久）变形，保证绕组在长期的运行过程中能够始终保持适当的压紧状态，从而提高在变压器短路情况下绕组的轴向动稳定能力。

(3) 对变压器绕组进行恒压干燥处理。通常恒压干燥的压力应大于装配后的绕组预压紧力，保证绕组的绝缘垫块和导线匝绝缘在干燥过程中受压变形，以使其残余变形固定下来，保持绕组轴向尺寸的稳定，从而提高绕组的轴向动稳定能力。

(4) 提高绕组轴向动稳定性的其他技术措施。合理选择绕组导线宽厚比，采用自粘换位导线或半硬铜导线绕制线饼；严格控制垫块的厚度公差，以保证各撑条上的垫块均匀受力；绕组使用外撑条以防止垫块的移位；严格控制装配公差，保证各个绕组装配的上下对称，并使端绝缘垫块与绕组垫块上下对齐；严格控制铁芯柱的垂直度；加强对绕组出头的绑扎等。

根据国家电网公司2013—2018年统计结果，因变压器抗短路能力不足造成的绕组变形或绝缘缺陷最多，共计31次，占比29%。

绕组机械变形故障主要靠变形后绕组相关可测电气量的变化进行判断，如反应绕组对间主绝缘空道距离变化与绕组电抗高度变化的短路电抗测量、反应绕组间主绝缘间等效介电系数变化、等效距离变化的电容测量，以及反应绕组线线匝/线饼间纵向与横向电容、电感变化的绕组频率响应分析等。

8.1.2 故障案例分析

变压器有多种故障分类方法。如按故障部件分类、按故障性质分类、按故障产生的原因分类、按故障造成的损失分类等。本书按故障的主要特征将变压器故障分为机械变形故障、热故障、绝缘故障、附件故障与综合故障五大类。如常见的绕组变形，若仅表现为绕组机械位置的变化，则对应于机械变形故障；若绕组显著变形同时导致的导线断股放电，则对应综合故障。

电力变压器作为静止的电力传输设备，除分接开关外，器身内部无旋转运动部件，因此不存在类似高压断路器弧触头磨损、主轴弯曲变形、绝缘拉杆断裂等机械类故障。但实际运行中，机械变形引起的故障多年来一直是变压器的主要故障类型。通常表现为绕组受短路电流产生的电动力冲击变形以及有载分接开关由于支架变形或运动部件卡滞造成的放电。机械变形故障主要靠变形后绕组相关可测电气量的变化进行判断，如反应绕组对间主绝缘空道距离变化与绕组电抗高度变化的短路电抗测量、反应绕组间主绝缘间等效介电系数变化、等效距离变化的电容测量，以及反应绕组线匝/线饼间纵向与横向电容、电感变化的绕组频率响应分析等。

【案例1】

1. 设备主要参数

（1）型号：SFPZ9-63000/110。

（2）额定电压（kV）：110±8×1.25%/38.5/10.5。

（3）额定容量（kV·A）：63000/63000/20000。

（4）联结组别：YNyn0d11。

（5）阻抗电压：高压-中压：17.31%；中压-低压：6.13%；高压-低压：10.26%。

2. 设备运维状况

最近一次例行试验显示变压器直流电阻、电压比、介质损耗、油中溶解气体色谱分析均无异常。运行中也未发现其他异常现象，但10kV侧曾发生数次短路电流冲击，35kV侧也曾受到短路电流冲击。

绕组电容量与出厂试验值相比有较大变化，试验数据见表8.1，低电压短路阻抗值与铭牌值相比也有较大变化，试验数据见表8.2。

表8.1　变压器主绝缘电容量试验数据　　单位：nF

试验日期/(年-月)	中压绕组-其他及地	低压绕组-其他及地
2006-3	23.40	26.30
2016-3	34.17	27.68

表8.2　　变压器低电压短路阻抗试验数据

测试部位	高压-中压			高压-低压			中压-低压		
相别	A	B	C	A	B	C	A	B	C
铭牌值/%	17.31	17.31	17.31	10.26	10.26	10.26	6.13	6.13	6.13
诊断测试值/%	17.54	17.84	17.70	11.76	11.55	11.49	5.49	5.63	5.48

3. 诊断分析

由变压器绕组对间的电抗电压计算公式可知：

$$x_k\% = \frac{49.6fIW\sum_{k=1}^{n} D\rho}{e_t H_k \times 10^6}\% \tag{8-1}$$

变压器绕组对间的电抗电压与归算到基准测（通常为高压侧）的绕组额定电流 I、线圈匝数 W、等值漏磁通面积$\sum D$、匝电压 e_t、电抗高度 H_k 以及洛氏系数 ρ 有关。对于一台特定的三绕组变压器，从控制轴向力的角度考虑，在设计上，一般而言，电抗高度通常是相同的。因此，对于高压-中压和高压-低压两个绕组对而言，因其电抗标幺值均归算到高压绕组，根据式（8-1）可知，短路电抗主要由等值漏磁通面积决定。对于此变压器，可见，高压-中压绕组对间的短路电抗标幺值为0.1731，高压-低压绕组对间的短路电抗标幺值为0.1026。可见，高压-中压绕组对间的等值漏磁通面积大于高压-低压绕组对，这只有在中压绕组的位置处于低压绕组内部的情况下才能发生，因此判断此变压器绕组排列方式由铁芯到油箱为中压-低压-高压。

由表8.2可知，与铭牌值相比，高压-中压绕组对间的电抗电压最大变化率为2.97%，高压-低压对间的电抗电压最大变化率为14.6%。经初步分析，高压-中压绕组对与高压-低压绕组对间等值漏磁面积均增大，且高压-低压绕组对间等值漏磁面积增大的更多。对于高压绕组供电的情况，中低压绕组发生辐向变形时，总是使绕组间空道距离增大，从而导致电抗电压增大。因此，初步判断中压、低压绕组均发生了辐向变形，但低压绕组变形更严重。同时，与铭牌值相比，中压-低压绕组对间的电抗电压最大变化率为－13.4%，表明中压绕组与低压绕组间的主空道距离减小，从另一方面佐证了处于高压绕组与中压绕组间的低压绕组发生严重辐向变形。

由表8.1可知，与出厂试验结果相比，中压绕组-其他及地的电容量变化率为46.0%，低压绕组对其他及地的电容量变化率为5.25%，可判断低压绕组发生严重变形。

综合分析，该变压器低压绕组发生严重辐向变形，且A相与B相较C相更严重；同时，中压绕组也发生显著变形，且B相与C相较A相更为严重。

4. 检修情况

变压器返厂检修结果表明，10kV低压绕组A相与B相发生严重辐向变形，35kV中压绕组B相、C相发生局部辐向变形，如图8.1、图8.2所示。

5. 状态诊断过程感悟

（1）变压器油中溶解气体分析正常，不代表变压器绕组状态正常。如前所述，任何一种试验方法均有自己的局限性，对于尚未造成绕组局部过热或绝缘击穿放电的绕组变形故障，

图 8.1　低压绕组变形

图 8.2　中压绕组变形

油色谱分析无能为力。传统的油色谱无异常就代表变压器运行情况良好存在极大的误区。

（2）此变压器绕组排列顺序不同于通常的三绕组降压变。事实上，由于数年前，此变压器承担着上送 10kV 小火电的功率任务，为实现功率高效传输，变压器 10kV 绕组布置于 110kV 与 35kV 绕组之间。这种排列方式，给初期的状态诊断工作带来很大的困扰。试想一下，若按常规布置方式考虑，首先怀疑的是电容量出厂试验数据与变压器铭牌阻抗电压的准确性。同时，也是此台变压器长期试验数据异常，但始终未能及时确诊的关键原因。

（3）关于绕组主绝缘间电容量。变压器一对绕组间的辐向几何电容可按同轴圆柱电容公式计算，即

$$C_{ww}=\frac{17.7\pi\varepsilon_{eq}H}{\ln\left(\frac{R_{w2}}{R_{w1}}\right)}\times10^{-3}(\text{pF}) \tag{8-2}$$

式中　R_{w2}——外绕组内半径，mm；

R_{w1}——内绕组外半径，mm；

H——轴向电抗高度，mm；

ε_{eq}——主绝缘等效相对介电系数。

可见，绕组主绝缘间的电容量主要由外绕组内半径与内绕组外半径比值确定。若两个绕组等效距离变大，则电容减小，等效距离减小，则电容增大。需要注意的是，对于三相变压器，电容量变化率反应的是三个绕组的整体情况，其灵敏度与反应每相绕组对间的电抗变化率相比较低。

（4）关于电容量变化率。表 8.1 中的中压绕组-其他及地的电容量变化率为 46.0%，低压绕组-其他及地的电容量变化率为 5.25%，说明中压绕组的主绝缘电容量变化率对低压绕组辐向变形更灵敏。通常，现场开展变压器绕组连同套管的介质损耗与电容量测试试验时，均按照试验按照《现场绝缘试验实施导则　介质损耗因数 tanδ 试验》（DL/T 474.3—2018）开展，具体见表 8.3。

表 8.3　DL/T 473.3 推荐的介质损耗因数 tanδ 试验接线

顺序	三绕组变压器	
	加压绕组	接地部位
1	低压	高压、中压和外壳
2	中压	高压、低压和外壳
3	高压	中压、低压和外壳
4	高压和中压	低压和外壳
5	高压、中压和低压	外壳

注　试验时高、中、低三绕组两端都应短接。

可见，按照 DL/T 473.3 推荐的测试方法，其测试值均为两个主绝缘之间电容之和，如中压绕组施压时，测试电容主要由中压绕组与高绕组间主绝缘电容和中压绕组与低压绕组间主绝缘电容两部分组成。绕组发生辐向变形时，绕组辐向厚度基本保持不变，绕组上端部与下端部对油箱及铁轭电容也基本不变，可忽略其影响。

对于此变压器，由于 10kV 绕组处于 110kV 绕组与 35kV 绕组之间，当其发生辐向变形时，10kV 与 110kV 绕组之间的主绝缘电容量减小，与 35kV 绕组之间的电容量增大，因此测试电容量变化率与变形程度不是线性关系。但是，当 10kV 绕组辐向变形时，10kV 绕组与 35kV 绕组间的主绝缘电容量增大，测试电容量单调增大。对此变化规律的定性分析如图 8.3 所示。

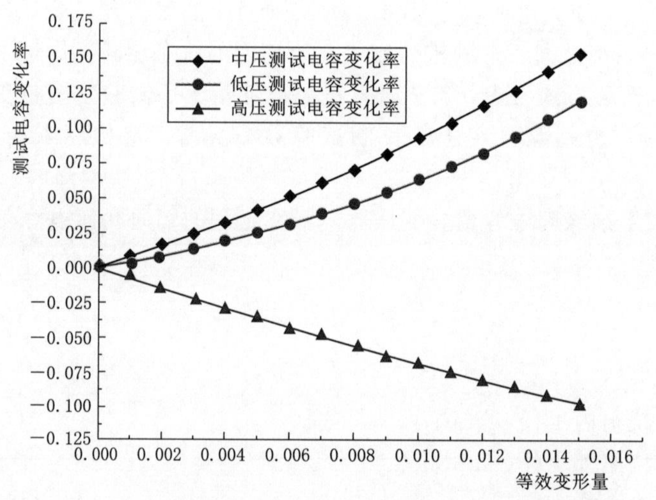

图 8.3　低压绕组等效变形量与测试电容变化率之间的关系

由图 8.3 可知，当处于中间位置的低压绕组发生辐向变形时，位于最内侧的中压绕组测试电容量变化率大于低压绕组测试电容量变化率，低压绕组变形越严重，其差别越大。实际判断中，可作为判断变形程度的一个辅助依据。

【案例 2】

1. 设备主要参数

（1）型号：SFPSZ9－150000/220。

（2）额定电压（kV）：220±8×1.25%/121/38.5/10.5。

（3）额定容量（kV・A）：150000/150000/150000/45000。

（4）联结组别：YNyn0yn0＋d11。

（5）阻抗电压：高压-中压：12.65%；中压-低压：7.83%；高压-低压：21.81%。

2. 设备运维状况

最近一次例行试验显示变压器直流电阻、电压比、介质损耗、油中溶解气体色谱分析烃类气体均无异常。投入运行以来，低压侧累计遭受70%以上允许短路电流（估算为7kA）冲击87次，累计持续时间11960ms。

最近一次绕组电容量与出厂试验值相比有较大变化，试验数据见表8.4；低电压短路阻抗值与铭牌值相比也有较大变化，试验数据见表8.5；绝缘油中溶解气体分析显示一氧化碳与二氧化碳比值异常，试验数据见表8.6、表8.7。

表8.4　变压器主绝缘电容量试验数据　单位：nF

试验日期/(年-月)	高压-其他及地	中压-其他及地	低压-其他及地	平衡-其他及地
2003-10	13.84	20.78	27.13	31.12
2016-5	13.87	20.39	30.67	35.79

表8.5　变压器低电压短路电抗试验数据

测试部位	高压-中压			高压-低压			中压-低压		
相别	A	B	C	A	B	C	A	B	C
铭牌值/%	12.65			21.81			7.83		
诊断测试值/%	12.61	12.70	12.83	22.17	21.94	22.01	8.36	7.97	7.98

表8.6　变压器油中溶解气体色谱分析数据　单位：μL/L

试验日期/(年-月)	一氧化碳	二氧化碳
2015-7	390	971
2016-7	363	719
2017-7	544	1243

表8.7　一氧化碳与二氧化碳比值

试验日期/(年-月)	一氧化碳/二氧化碳
2015-7	0.42
2016-7	0.50
2017-7	0.43

3. 诊断分析

由变压器绕组对间的电抗电压大小可知，此变压绕组排列方式由铁芯到油箱依次为：平衡-低压-中压-高压。220kV高压绕组测试电容量变化率为0.2%，处于正常的测试误差范围之内，可认为其电容量未发生变化；110kV中压绕组测试电容量变化率为－1.8%；35kV低压绕组测试电容量变化率为＋13.5%；10kV平衡绕组测试电容量变化率为15.06%。从电容量测试结果初步分析，电容量变化规律符合处于中压和平衡绕组之间的低压绕组发生辐向变形时的特征。

从电抗电压变化规律分析，高压-中压绕组对相间互差为0.54%，处于正常范围内；高压-低压绕组对相间互差为1.0%，已超出这种结构的三绕组变压器电抗电压正常变化范围，其中A相漏电抗变化最大；中压-低压绕组对间相间互差为4.9%，尤其是A相漏电抗变化最大，与铭牌值相比变化率为6.77%。据此可判断低压绕组A相发生严重辐向变形，低压绕组B相、C相也发生显著变形。

综合电容量变化规律与电抗变化情况，判断变压器35kV A相低压绕组发生严重辐向变形，B相、C相发生显著变形。

4. 检修情况

变压器返厂检修结果表明，10kV 低压绕组 A 相与 B 相发生严重辐向变形，35kV 中压绕组 B 相、C 相发生局部辐向变形，如图 8.4、图 8.5 所示。

图 8.4　低压 A 相辐向变形

图 8.5　低压三相辐向变形（中间为 A 相）

5. 状态诊断过程感悟

（1）关于变形程度的判据。《电力变压器　第 5 部分：承受短路的能力》(GB 1094.5) 考虑到不同容量的变压器短路电抗变化率反应绕组变形程度的灵敏度差异，规定对于额定容量介于 25～100000kV・A 之间的电力变压器，若短路试验后以欧姆表示的每相短路电抗值与原始值之差不大于 2%，则认为变压器绕组未发生显著变形，短路试验通过；对于额定容量大于 100000kV・A 的电力变压器，若短路试验后以欧姆表示的每相短路电抗值与原始值之差不大于 1%，则认为变压器未发生显著变形，短路试验通过；若短路电抗变化范围在 1%～2%之间，则需通过补充试验的方法确定绕组有无异常。可见，GB 1094.5 已经考虑到不同容量的电力变压器，其电抗变化率反应绕组变形的灵敏度差异问题。本实例中，高压-低压绕组间电抗变化率仅为 1.65%，刚超出《电力变压器绕组变形的电抗法检测判断导则》(DL/T 1093) 推荐的 1.6%的判断标准，但实际上低压绕组已发生了严重轴向变形。从达到相同判断灵敏度考虑，作者提出等效变形量与变形程度的概念。即当中压绕组发生辐向变形时，如前所述，由于其受到向内的径向力，导致其与高压绕组之间的主绝缘距离增大，与低压绕组之间的主绝缘距离减小，不论其表现为海星形还是角星形，均可以认为其等效半径发生了减小。变形绕组等效半径最大变化量可以认为是中、低压绕组对间主绝缘距离与不可压缩的硬纸筒厚度之差的一半。若定义绕组等效变形程度 x 为绕组等效半径变化量与绕组正常状态下等效半径的比值，作者通过对典型 220kV 变压器进行变形仿真分析，推导出以下适用于此类变压器高压-低压绕组变形程度的经验公式：

$$x \approx 50\Delta X_{13} \tag{8-3}$$

应用式 (8-3) 计算低压 A 相绕组变形程度为 0.85，属于严重变形。

按式 (8-3) 反推，当电抗变化率达到 0.5%时，实际等效程度已达 0.258，属于显著变形范围。因此，实际诊断工作中，对于此类结构的变压器，一旦高压-低压绕组电抗电压发生显著增大，往往预示着低压绕组易发生严重变形。

（2）关于变压器低压绕组抗短路能力。1985 年至今，判断变压器承受短路能力的依据是《电力变压器　第 5 部分：承受短路的能力》(GB 1094.5)。此标准先后经历了 GB 1094.5—

1985、GB 1094.5—2003 和 GB 1094.5—2008 三个版本，主要内容都是“规定了电力变压器在由外部短路引起的过电流作用下应无损伤的要求”。其中 GB 1094.5—1985 规定的系统短路表观容量最小（要求最松），对于 220kV 为 1500 万 kV・A，对于 110kV 为 800 万 kV・A，折算为对应电压等级的系统母线三相对称短路电流，分别为 35.79kA 和 38.17kA。GB 1094.5—2008 发布后，国内变压器生产企业才开始普遍重视电力变压器抗短路能力理论核算工作，2009 年以后，国产变压器低压绕组开始普遍采用自粘性换位导线，抗短路能力有了显著提升。近年来发生的变压器遭受短路电流电动力冲击导致绕组变形损坏的以 S9 型变压器居多，S10 型以后的变压器，由于半硬导线的普遍应用，中低压绕组发生大面积辐向变形的情况已不多见了。也就是说，由轴向漏磁通引起的辐向电动力已不是变压器抗短路能的主要矛盾，反而是由绕组局部安匝分布不均匀导致的辐向漏磁通产生的轴向力成为变压器抗短路能力的主要矛盾。后续还有相关故障案例对此进行阐述。

（3）关于变压器低压绕组抗短路能力的初步校核。变压器抗短路能力校核主要采用两种方法，即内线圈辐向力校核法和安德森短路力计算软件法，两种方法互为补充。内线圈辐向力校核法是根据弹性理论，由承受辐向压力的薄壁圆筒辐向稳定公式推导出来的，涵盖绕组具体结构、绕制方法、绕组内撑条有效支撑点数等因素，考虑到材质和工艺分散性带来的误差，该绕组辐向失稳的安全裕度取 1.8～2.0。安德森短路力计算软件法采用磁场计算，在高中、高低、中低运行方式下分别计算线圈不同分段短路力，在各段上进行应力计算获得各段的平均应力分布结果，以最大辐向应力、垫块轴向应力与 GB/T 1094.5—2008 附录 A 中的相关许用值进行比较，均小于许用值则认为线圈不会失稳。内线圈辐向力校核法和安德森短路力计算软件法均需要大量的变压设计参数，对技术人员要求较高。可按下式进行简易计算：

$$\sigma_{avg}=4.74(\sqrt{2}K)^2\frac{P_R}{H_K(Z_K\%)^2} \tag{8-4}$$

GB 1094.5 规定，连续、螺旋及层式绕组平均环形压缩应力，对于常规和组合导线：$\sigma_{ave}\leqslant0.35R_{P0.2}$；对于自粘组合或自粘换位导线：$\sigma_{ave}\leqslant0.6R_{P0.2}$。现以此台变压器举例说明如下。

式（8-4）中，$\sqrt{2}K=2.55$，75℃时直流电阻为 10.33mΩ，电抗高度为 1.82m，阻抗电压为 0.2184，经计算可得：$\sigma_{avg}=20.06$MPa，对于国内生产的电力变压器，在 2009 年之前，中低压绕组大量采用屈服强度为 80 的铜导线。可见，$\sigma_{avg}=20.06\text{MPa}<28\text{MPa}$，满足要求，且具有 1.39 倍的裕度。

再如，变压器型号为 SFPZ9-180000/220，电压组合为 220±8×1.25%/38.5kV，阻抗电压为 0.1429，容量组合为 180000/180000/54000kV・A，联结组别为 Ynyn0+d。35kV 绕组 75℃时直流电阻为 8.60mΩ，绕组电抗高度为 1.82m。经计算可得靠近主漏磁空道的绕组受到的最大应力为 54.15MPa，$\sigma_{avg}=54.15\text{MPa}>28\text{MPa}$，已不满足抗短路能力要求。

可见，对于 220kV 直接降压为 35kV 的双绕组变压器，由于 220kV 系统短路容量远大于 110kV，且双绕组变压器电磁耦合紧密，短路阻抗较小，导致其遭受电动力的环境恶劣。这也是 220kV 直接降压为 35kV 的双绕组变压器，出现严重绕组变形的情况相对较多的直接原因。从变压器安全运行的角度，若 220kV 潮流经 220－110kV、110－35kV 两级变换，两级阻抗的串联将大大降低 35kV 绕组损坏的概率。

8.2　绕组绝缘故障诊断案例分析

8.2.1　绕组绝缘故障概述

油浸变压器的绝缘通常分为在油箱内部的内绝缘及在空气中的外绝缘，如图 8.6 所示。内绝缘又分为套管外绝缘油中部分、线圈绝缘、引线绝缘、分接开关绝缘等。主绝缘指线圈（引线）对地、同相或异相线圈（或引线）之间的绝缘，其绝缘性能由工频耐压与冲击耐压来考核；纵绝缘主要是指同一线圈各点之间或其相应引线之间的绝缘，其绝缘性能由感应耐压与冲击耐压来考核。

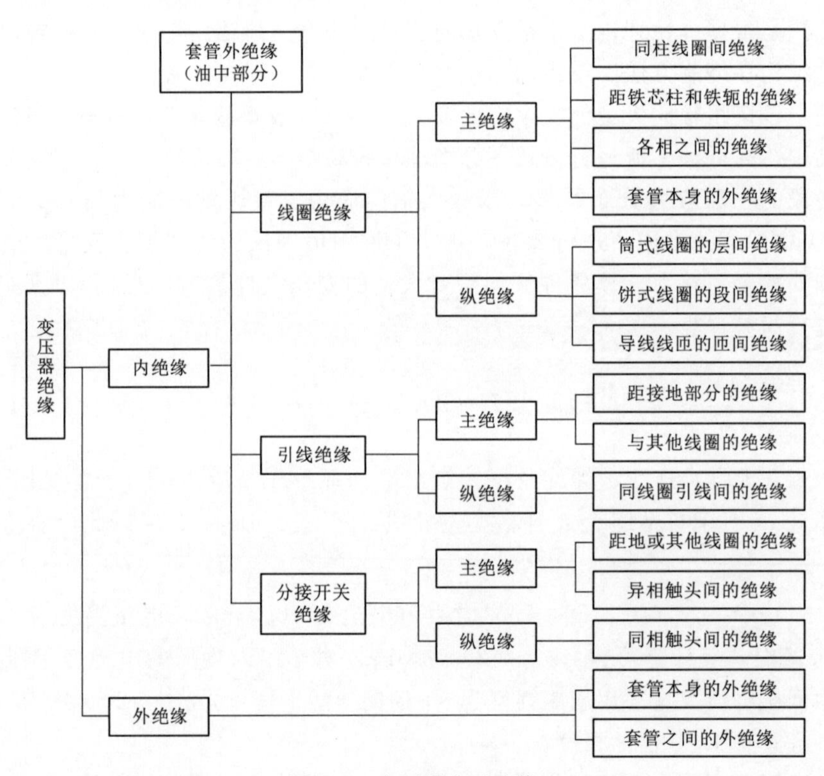

图 8.6　变压器主要绝缘

油浸变压器的主、纵绝缘主要是由介电常数相对较高的油浸纸和介电常数相对较低的变压器油组合而成的。在这种绝缘方式下，油部分的场强较高，高到一定程度就会产生局部放电，有时会产生击穿，因此基本做法是利用变压器油击穿电压的体积效应，利用薄纸筒将大体积的油分割为小体积的油隙，提高单位油隙的击穿强度。

电力变压器绝缘故障原因大致可归结为耐受电应力能力不足、耐受热应力能力不足与耐受机械应力能力不足三类。即主绝缘或纵绝缘的工作场强超过其耐受场强，造成绝缘的破坏击穿；运行温度或热点温度超过限值，引起绝缘老化损坏；出口短路、运输冲撞或地震等原因所产生的作用力，引起绝缘或导体变形。

实际运行经验表明，绕组绝缘故障通常由局部的机械形变引发，通常电气故障特征明显，保护动作行为特征、绝缘油中溶解气体色谱分析、直流电阻、电压比测试结果都可能检出。

8.2.2 绕组断股故障案例分析

【案例1】

1. 设备主要参数

(1) 型号：SFZ11-40000/110。

(2) 额定电压（kV）：110±8×1.25%/10.5。

(3) 额定容量（kV·A）：40000。

(4) 联结组别：YNd11。

(5) 阻抗电压：10.1%。

2. 设备运维状况

2017年8月14日，变压器10kV电缆线路中间头发生故障，线路跳闸，重合成功，变压器遭受近区短路冲击。

8月15日，变压器油中溶解气体分析显示乙炔严重超注意值，但总烃含量未见明显异常。变压器持续运行10日后，复测发现各组分均有增长趋势，测试数据见表8.8。遂停电开展诊断性试验。

表8.8　油中溶解气体色谱数据　单位：μL/L

取样日期/(年-月-日)	氢气	一氧化碳	二氧化碳	甲烷	乙烷	乙烯	乙炔	总烃
2017-8-15	101.14	754.22	1823.33	32.52	3.71	14.91	11.31	62.45
2017-8-25	121.15	857.41	2153.37	37.39	4.54	19.1	11.59	72.63

变压器低压绕组直流电阻换算到相电阻的测试值见表8.9。

表8.9　变压器低压绕组相电阻（折算到20℃）　单位：mΩ

试验日期/(年-月)	a	b	c
2017-4	11.390	11.438	11.483
2017-8	12.537	11.630	11.644

变压器主绝缘电容量测试结果见表8.10。

表8.10　绕组连同套管电容量试验数据　单位：nF

试验日期/(年-月)	高压-其他及地	低压-其他及地
2012-6	8.13	13.82
2017-8	8.17	13.71

2016年5月19日变压器低电压短路阻抗测试结果见表8.11。

表8.11　　低电压短路阻抗试验数据

试验部位	高压-中压			高压-低压		
相别	A	B	C	A	B	C
铭牌值	12.65%	12.65%	12.65%	21.81%	21.81%	21.81%
测量值	12.61%	12.70%	12.83%	22.17%	21.94%	22.01%

3. 诊断分析

利用三比值法对油中特征气体的含量进行判断，编码组合均为1、0、2，故障类型为电弧放电。

由表8.9可见，上次例行试验低压侧直流电阻大小关系为：$R_c>R_b>R_a$，本次诊断性试验直流电阻大小关系为：$R_a>R_c>R_b$，可见b相和c相直流电阻未发生显著改变，而a相直流电阻显著增大，经计算，相间不平衡变化率达到7.6%。该变压器低压绕组为螺旋式结构，24根导线并绕，直流电阻变化特征与2根断股的8.7%的平衡率比较接近，据此可判断低压绕组存在多根并联导线放电烧损的情况。

由表8.10可知，变压器高压-其他及地、低压-其他及地的主绝缘电容量变化率分别为0.4%和−0.8%，属于正常范围。

由表8.11可知，变压器短路阻抗初值变化率−0.73%，相间互差1.73%，对于此类变压器均处于正常范围之内。

综合分析判断，变压器在短路电动力的作用下发生匝间短路，导致多根导线烧损；短路故障消失后，短路烧损处线匝间绝缘恢复，故变压器可以继续运行。变压器差动保护与轻重瓦斯保护均未动作，说明故障部位能量不是很大（乙炔含量也低于通常此类变压器内部绝缘故障的30～60μL/L，也是一个佐证）。

4. 检修情况

变压器返厂检修结果表明，低压绕组为标准“4-2-4”换位，10kV低压绕组A相绕组在第一个1/4外侧换位处（S弯处）导线发生局部变形，两根导线断股，如图8.7～图8.9所示。

图8.7　低压a相绕组1/4换位处局部变形

图8.8　两根导线断股

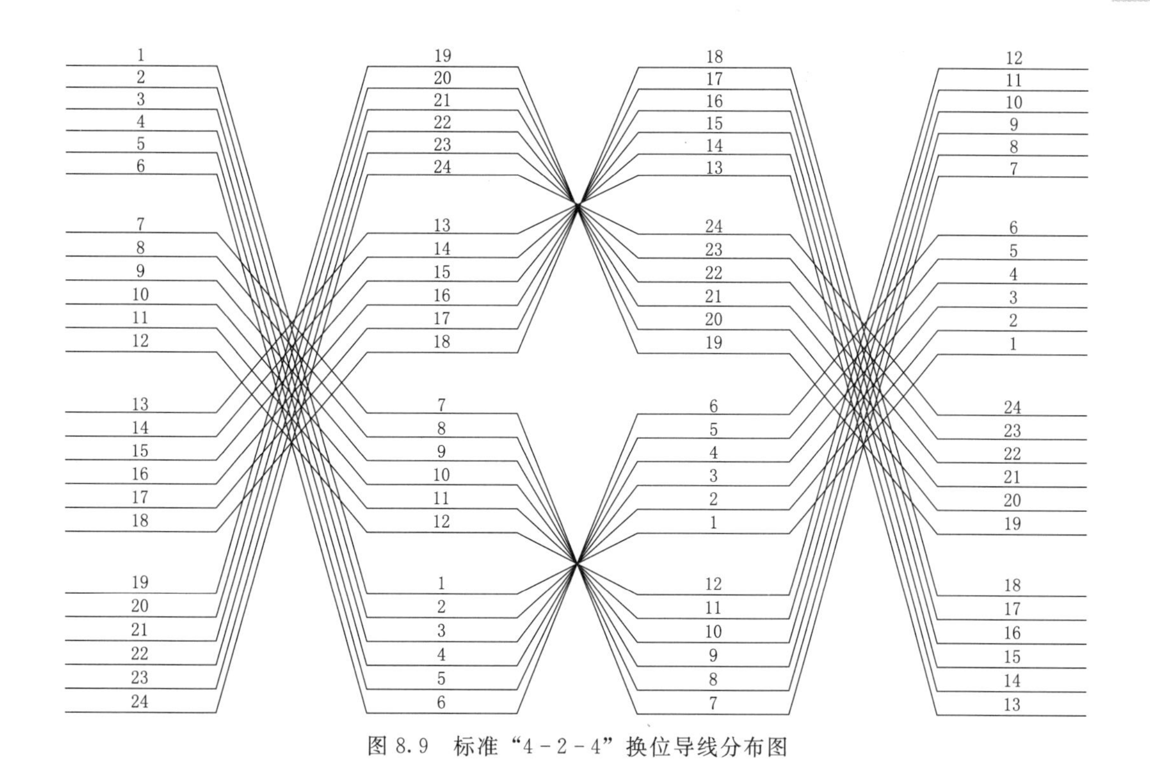

图 8.9 标准“4-2-4”换位导线分布图

5. 状态诊断过程感悟

(1) 变压器遭受短路冲击后，由于自动重合成功，故主变仍正常运行。第一天油中溶解气体分析显示乙炔含量并未达到通常变压器内部绝缘故障的限值水平，当时分析可能为过电压导致的引线或软连接对地放电，判断变压器具备长期运行条件。当 10 天后，复测油色谱时，由于各组分气体均有显著增长，故怀疑变压器内部存在故障点，因此停电开展诊断试验。

(2) 由于变压器阻抗电压与电容量均未发生显著变化，因此首先排除了变压器低压绕组发生显著绕组变形的可能。由于低压 A 相直流电阻显著偏大，故怀疑的重点转为主变低压侧导线与软连接在短路电动力的冲击下发生接触不良。但通过分析 10 天之内主变油中溶解气体各组分的变化趋势，在变压器以近 70%的负载率运行的情况下，反应过热性的特征气体甲烷和乙烯的变化率显著小于氢气 19.8%的变化率，因此排除了导电部位接触不良的可能。

(3) 由于变压器故障过程中，本体差动保护未动作、重瓦斯保护未动作、乙炔含量不是很高，因此排除了匝间短路放电的可能，与 24 根导线并绕、2 根断股情况下的直流电阻不平衡率比较接近，因此推测最可能的原因为螺旋式低压绕组并联换位处在电动力作用下发生瞬间短路造成导线断股，从而决定变压器返厂检修。

(4) 此变压器未 2011 年生产，变压器低压绕组采用了屈服强度为 120MPa 的半硬铜导线。主要设计参数为：低压 A 相直流电阻 13.85mΩ，绕组电抗高度 0.915m，额定相电流 1269.8A，阻抗电压 10.1%，110kV 系统阻抗标幺值为 0.028。

按式（8－4）计算可得，低压绕组平均应力强度为57.57MPa，靠近主漏磁空道导线最大辐向应力为115.14MPa，已非常接近超出导线120MPa耐受能力。但由于平均应力承受能力并未超出其承受能力，因此绕组并未发生大面积辐向变形。但按通常的辐向漏磁分布，1/4换位处已存在较大侧辐向漏磁，在轴向力与辐向力叠加作用之下，低压绕组最外侧发生机械力引起的并联导线间绝缘损坏，引发导线放电断股。

（5）对于国内2011年之后生产的变压器，多数低压绕组选用了屈服强度大于120MPa的半硬铜导线，绕组发生大面积辐向变形的情况改善很多，到随之而来的由辐向力与轴向力叠加产生的合力导致绕组局部损伤放电的故障显得比较突出了。

【案例2】

1. 设备主要参数

（1）型号：SSZ11－63000/110。

（2）额定电压（kV）：110±8×1.25%/38.5±2×2.5%/10.5。

（3）额定容量（kV·A）：40000。

（4）联结组别：YNyn0d11。

（5）阻抗电压：高压-中压：10.20%；中压-低压：6.67%；高压-低压：18.51%。

2. 设备运维状况

2016年11月，10kV线路发生三相短路故障，变压器差动保护、本体重瓦斯保护先后动作，跳三侧断路器。

该变压器主要接带工业负载，从投运以来，中、低压侧共受短路电流冲击达36次，最大一次的短路电流达6kA。

故障前后变压器油中溶解气体分析结果见表8.12。

表8.12　油中溶解气体色谱数据　单位：μL/L

取样日期/(年-月-日)	氢气	一氧化碳	二氧化碳	甲烷	乙烷	乙烯	乙炔	总烃
2016－10－5	45.2	1499.9	2602.7	9.3	1.1	0.8	0	11.2
2017－11－25	727.6	1121.7	1696	62.8	4.1	46.4	150.4	263.6

故障前后变压器高压侧直流电阻见表8.13。

表8.13　故障前后变压器高压绕组直流电阻（均已换算至75℃）　单位：mΩ

分接位置	A	B	C	不平衡率/%	A	B	C	不平衡率/%
	故障前				故障后			
1	434.3	431.0	433.1	0.78	433.8	433.3	435.3	0.46
9	382.0	378.5	379.3	0.92	380.9	379.6	380.3	0.33
17	434.6	431.3	432.9	0.75	434.0	433.0	435.1	0.49

故障前后变压器主绝缘电容量测试结果见表8.14。

2016年11月变压器低电压短路阻抗测试结果见表8.15。

表 8.14 绕组连同套管电容量试验数据 单位：nF

试验日期/(年-月)	高压-其他及地	中压-其他及地	低压-其他及地
2016-5	14.30	23.24	20.98
2016-11	14.74	23.66	20.89

表 8.15 低电压短路阻抗试验数据

试验部位	高压-中压			中压-低压			高压-低压		
相别	A	B	C	A	B	C	A	B	C
铭牌值	10.20%	10.20%	10.20%	6.67%	6.67%	6.67%	18.51%	18.51%	18.51%
测量值	10.11%	10.10%	10.13%	6.73%	6.71%	6.75%	18.79%	18.79%	18.88%

变压器 110kV 侧故障差电流录波图如图 8.10 所示。

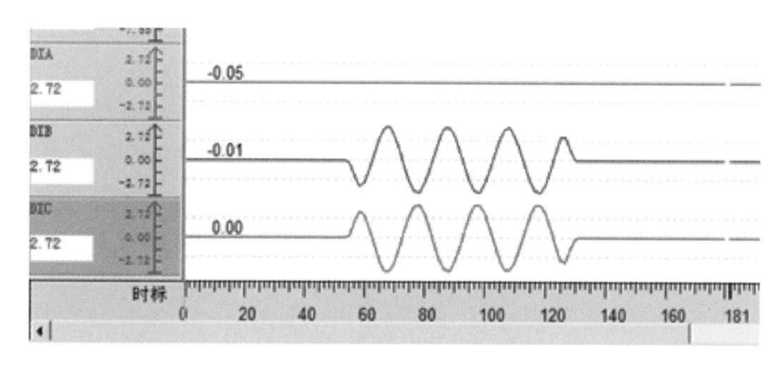

图 8.10 故障差流录波图

3. 诊断分析

从油中溶解气体组分含量分析，变压器内部发生高能电弧放电。

变压器高压绕组直流电阻、绕组主绝缘电容量以及低电压短路阻抗测试结果均未检测到异常。

从故障录波图分析，高压侧 B 相和 C 相差电流幅值相近相位相反，符合 10kV 绕组 B 相、C 相相间短路故障特征。变压器厂技术人员分析认为由于此类变压器曾发生过 10kV 绕组内部软连线短路故障的案例，结合变压器故障录波图，初步判断变压器内部放电原因为低压侧 B 相、C 相引线相间短路。

4. 检修情况

对变压器低压引线连接情况进行了内窥镜检测，未发现 10kV 绕组软连线有放电痕迹。

5. 再次诊断分析

10kV 引线未检查出放电现象，说明 B 相、C 相差电流不是由 10kV 绕组相间故障产生。根据变压器差动保护基本原理，由于 110kV 侧与 10kV 侧绕组接线方式不同，如图 8.11、图 8.12 所示，存在 30°的相位差，因此需要对电流进行校正。若以角接的一侧为基准，则需对星接的一侧按式（8-5）～式(8-7) 进行相位校正。

$$\dot{I}_{AH}=\dot{I}_{ah}-\dot{I}_{bh} \tag{8-5}$$

$$\dot{I}_{BH}=\dot{I}_{bh}-\dot{I}_{ch} \tag{8-6}$$

$$\dot{I}_{CH}=\dot{I}_{ch}-\dot{I}_{ah} \tag{8-7}$$

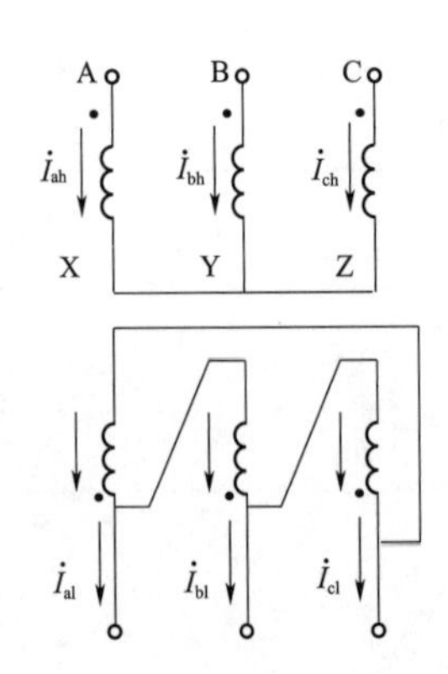

图 8.11　星角 11 点接线电流示意图

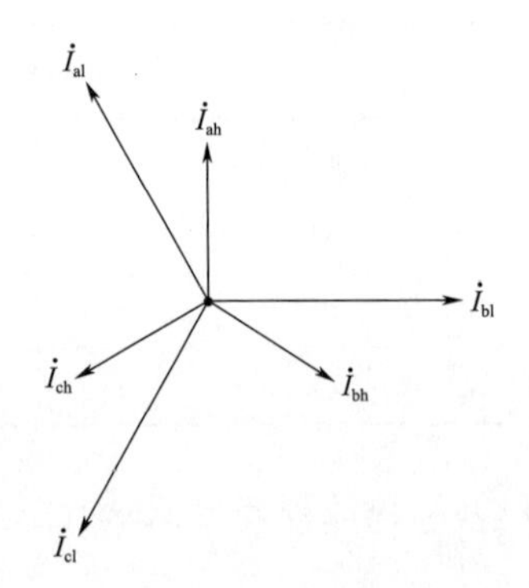

图 8.12　星角 11 点接线电流相量图

校正后电流相量关系如图 8.13 所示。可见，经校正后，星接侧与角接侧实现了电流相位的统一。

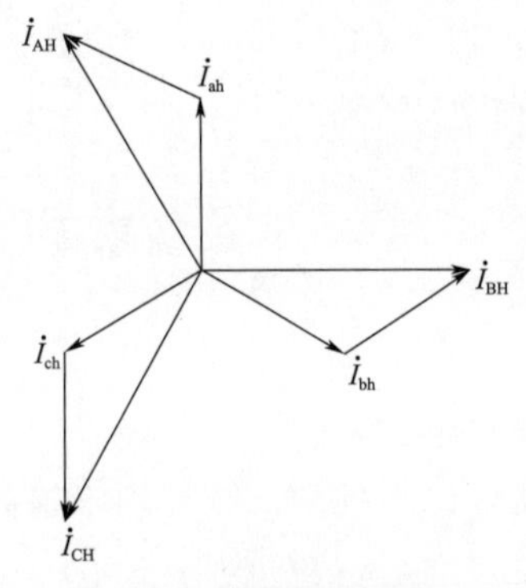

图 8.13　星接侧进行校正后电流向量图

对本次故障而言，B 相与 C 相出现幅值相近、相位相反的差电流，还有一种可能为 110kV 或 10kV C 相绕组出现内部匝间短路故障。

重新对试验数据进行梳理分析，发现 110kV 绕组直流电阻虽然不平衡率并未超出相关规程要求的 2%的限值要求，但三相电阻的大小关系发生了变化。2016 年 5 月的试验数据显示在三个分接位置均为 $R_A>R_C>R_B$；但故障后的试验数据显示在 1 分接与 17 分接位置为 $R_C>R_A>R_B$；在 9 分接位置为 $R_A>R_C>R_B$，与故障前一致。可见，高压侧 C 相调压绕组直流电阻增大，由于在 1 分接与 19 分接位置同时增大，故排除了分接选择开关和极性选择开关接触不良的可能性。综合分析判断，变压器 110kV C 相调压绕组发生放电损伤的可能性非常大。

6. 返厂检修情况

返厂解体检修发现，C 相调压绕组发生轴向波浪形变形，造成多匝线圈烧损，但相邻线匝间尚有约 2mm 的绝缘距离，如图 8.14、图 8.15 所示。B 相、C 相之间的铁芯框内调压绕组波浪状轴线变形尤其明显，如图 8.16 所示。如前所料，分接开关运行状况良好，未发现烧损或放电痕迹，如图 8.17 所示。

7. 状态诊断过程感悟

（1）变压器故障诊断，不能机械的套用相关规程标准规定的限值。标准规程规定的限值其最大的意义是对制造厂的生产工艺和质量管控水平进行规范，若将其直接应用于设备故障诊断，往往导致故障漏判。

图 8.14　调压绕组整体变形情况图

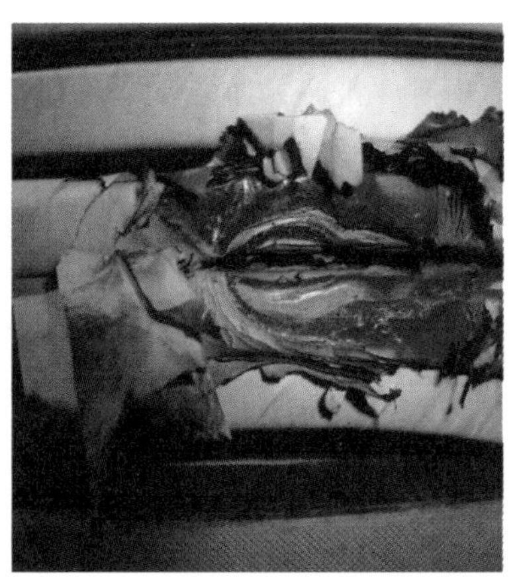

图 8.15　调压绕组局部变形情况

图 8.16　铁芯框内调压绕组变形情况

图 8.17　分接开关外观

（2）变压器故障的深入分析，需结合各种现场可得到的状态量进行综合分析，关联状态量同时出现异常，可以大致确定存在与之相关的缺陷。本次故障判断，绕组直流电阻与故障录波图同时指向C相调压绕组，从而实现了正确故障预判。

（3）故障时的电气量录波记录信息，往往能对故障判断起到关键作用。本次故障判断，通过差流录波信息，得到了故障与C相有关的结论，对后续深入分析诊断起到了关键作用。

（4）故障原因为短路产生的轴向电动力超出调压绕组的耐受能力，绕组段间鸽尾垫块间距过大是变形的主要因素。类似故障较为罕见，后续的修复，一方面重新调整了绕组安匝平衡，降低辐向（横向）漏磁通，从而减小轴向电动力；另一方面，将段间鸽尾垫块数量加倍，提升绕组线匝承受轴向力的能力。

8.2.3　绕组并联导线短路故障案例分析

【案例】

1. 设备主要参数

（1）型号：SFPZ9-150000/220。

（2）额定电压（kV）：220±8×1.25%/38.5/10.5。

（3）额定容量（kV·A）：150000。

（4）联结组别：YNyn0d11。

（5）阻抗电压：13.88%。

2. 设备运维状况

变压器 2003 年 9 月投运，变压器 35kV 侧曾遭受数次短路冲击。

2006 年 11 月 15 日，总烃含量超标（193.83μL/L，乙炔含量为 3.13μL/L，其他组分变化不大）。期间主变负荷为 50～90MV·A。供电单位缩短了色谱试验周期，进行跟踪监测。

从 2007 年开始，变压器负荷逐渐增加，7 月份基本接近满负荷运行，短时出现过负荷。色谱分析总烃含量继续保持增长，但增长速率较慢，8 月中旬期间增长趋势趋于平稳，总烃含量最高为 968μL/L。

2007 年 8 月 14 日开始，总烃含量急剧增长，8 月 29 日数据为：总烃 4024μL/L，其中乙烯 2353.3μL/L，乙烷 401.67μL/L，甲烷 1264.7μL/L，乙炔含量继续维持在 1.9μL/L。

变压器除油中溶解气体外，其他常规例行试验未检测到异常。

变压器油中溶解气体增长趋势如图 8.18～图 8.20 所示。

3. 诊断分析

变压器 8 月 29 日总烃达到 4024μL/L，其中乙烯 2353.3μL/L，乙烷 401.67μL/L，甲烷 1264.7μL/L，乙炔含量继续维持在 1.9μL/L，绝对产气率达到 11275mL/d，远远超出相关规程建议的 12mL/d 的绝对产气率注意值。根据热点计算公式：

$$T=322\lg\left(\frac{C_2H_4}{C_2H_6}\right)+525(℃)$$

可以推测变压器内部存在温度在 770℃左右的过热点。

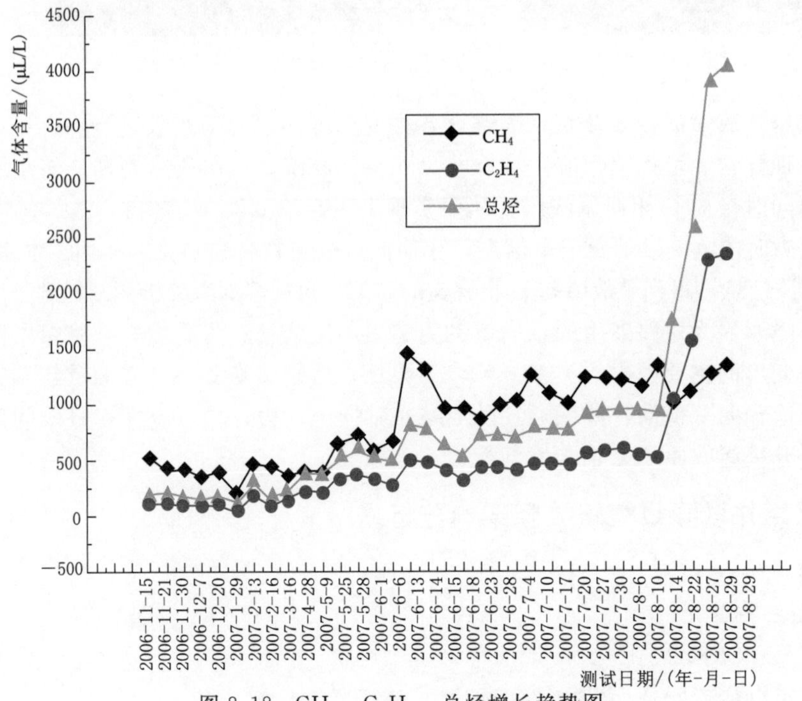

图 8.18　CH_4、C_2H_4、总烃增长趋势图

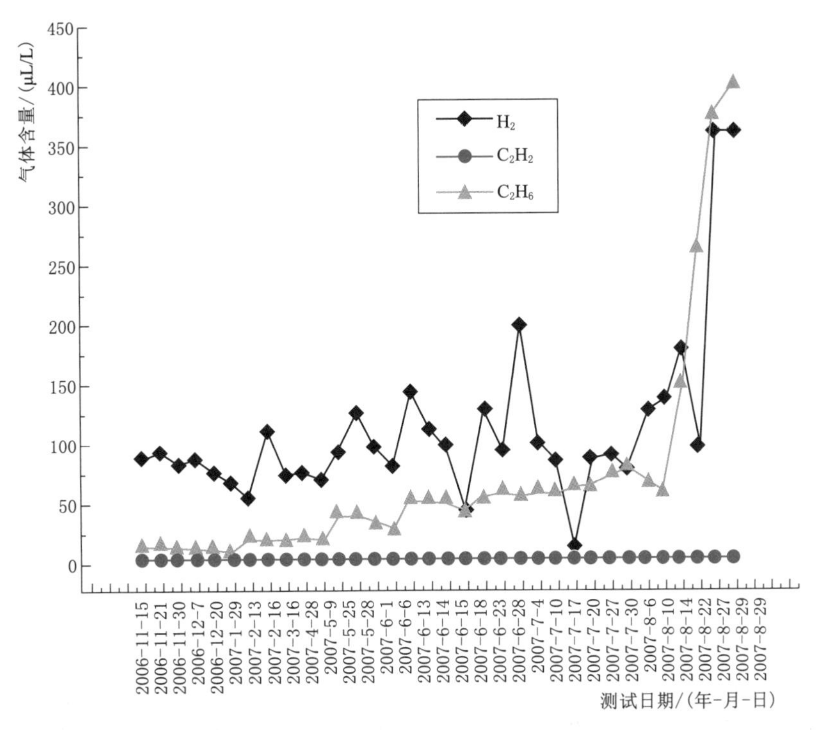

图 8.19 H_2、C_2H_2、C_2H_6 增长趋势示图

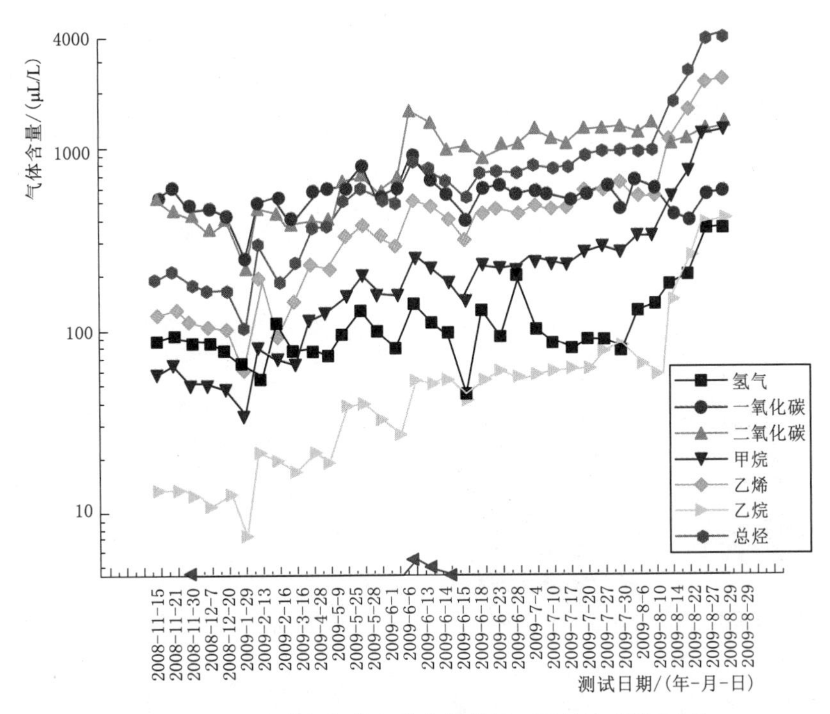

图 8.20 油中溶解气体色谱分析结果（Y 轴为对数坐标）

进一步分析，油中溶解气体以乙烯与甲烷为主，而一氧化碳、二氧化碳、乙炔含量稳定。初步判断此过热性故障不涉及固体绝缘材料，怀疑变压器铁芯局部过热，继续运行引起绝缘故障的风险较大，因现场不具备处理条件，故决定将变压器返厂检修。

4. 检修情况

厂内解体后重点对铁芯进行了检查，拆除上铁轭，拔出绕组后，发现B相、C相间下铁轭有一处明显的过热点（图8.21），对上铁轭每片硅钢片进行检查，未发现放电痕迹。从下铁轭过热点上木垫板烧伤情况分析，此故障不足以造成11275mL/d的产气量，判断铁芯中还存在局部过热点，为查找故障，对上铁轭进行回装，进行铁芯空载损耗试验，配合红外成像仪进行了测温。空载试验结果显示铁芯在相同磁密下的损耗与变压器生产过程中厂内试验数据基本一致，红外成像仪检测铁芯温升也未发现有明显的过热点，排除了铁芯存在其余过热点的可能，转而对绕组进行全面检查。将220kV、35kV、10kV绕组分离，检查发现A相35kV绕组换位处（S弯）附近外层导线有受轴向力挤压变形现象（图8.22），进而对35kV三相绕组进行解体检查。发现A相35kV绕组52饼内侧第2和第3根并联导线在换位处有锯齿状烧伤痕迹，部分绝缘纸碳化；C相35kV绕组圈52饼中5根换位处并联导线短路烧伤，其中3根烧伤严重，内壁撑条、饼间垫块被烧黑（图8.23、图8.24）。至此，变压器故障点被最终确认。

图8.21　下铁轭过热点

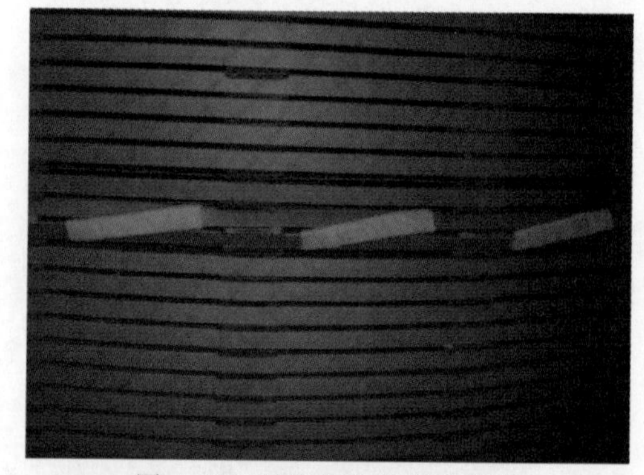

图8.22　导线换位处轴向失稳

图8.23　35kV C相并联导线烧损

8.24　饼间垫块烧伤

5. 状态诊断过程感悟

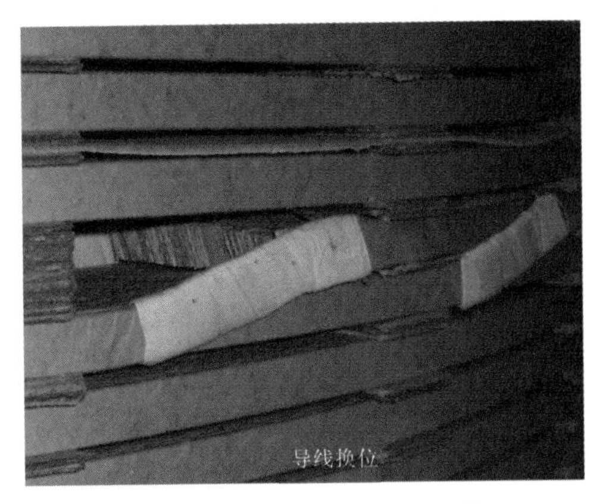

图 8.25 支撑垫块与支撑燕尾板

(1) 压器低压绕组为单螺旋式结构，标准“4-2-4”换位，导线换位处由于存在沿轴向的弯曲，在绕制过程中造成绝缘受伤，虽然加绕白布带以增强绝缘，显然未达到绝缘完好时的水平。同时换位处存在一饼的高度差，支撑层压纸板在轴向压紧力的作用下的形变量未能与燕尾板支撑的绕组保持一致（图 8.25），造成绕组沿轴向松动，在电磁振动的作用下，换位处长期摩擦引起绝缘损坏，造成并联导线之间的短路。由于轴向漏磁通沿着线圈辐向分布不同，每股导线所处的位置差异造成交链的漏磁通大小不等，因此并联导线间存在电位差。并联导线间发短路时，短路出接触电阻大，循环电流流经短路点导致过热，造成总烃超标。由于绕组故障涉及固体绝缘材料较少，且故障能量不大，绝缘材料轻微烧损，未能引起一氧化碳与二氧化碳含量发生显著变化，影响了一开始对故障性质的分析判断。

(2) 导线之间的短路表现为过热性故障，且故障特征气体中一氧化碳与二氧化碳含量相对稳定，很难与铁芯过热相区别，现场遇到类似故障，需要分别对铁芯与绕组进行检查。

(3) 讨论角度分析。铁芯叠片间的局部短路产生的热量应与负载无关。因为流经铁芯的为变压器励磁主磁通，仅与励磁电压相关。而并联导线间绝缘损坏所产生的环流，仅与漏磁通有关，漏磁通由二次负载确定。因此，若现场能够判断绝缘油故障特征气体产气率与负荷正相关，且可以排除变压器导电回路电压连接不良（通过三相直流电阻大小关系进行判断，可达到较高的灵敏度）的可能，则可作为并联导线短路的一个判据。

8.2.4 绕组匝间短路故障案例分析

【案例 1】

1. 设备主要参数

(1) 型号：SFPZ9-150000/220。

(2) 额定电压（kV）：220±8×1.25%/121/10.5。

(3) 额定容量（kV·A）：150000/150000/45000。

(4) 联结组别：YNyn0d11。

(5) 阻抗电压：高压-中压：12.33%；中压-低压：6.52%；高压-低压：20.82%。

2. 设备运维状况

站内 220kVⅠ、Ⅱ段母线经母联联络运行，110kVⅠ、Ⅱ段母线经母联 112 断路器联络运行，两台变压器并列运行，负荷率在 60%左右。本台变压器 220kV、110kV 中性点接地运行，另一台变压器 220kV、110kV 中性点不接地运行。

变压器 2004 年 4 月投运，各项电气试验指标均无异常，运行状况良好。

2011 年 6 月，110kV 线路发生 C 相接地故障，125ms 零序Ⅱ段保护动作，170ms 断路器跳闸，故障切除。204ms 变压器双套差动保护动作，三侧断路器跳闸。线路发生接地故障期间，变压器 110kV 侧 C 相接地电流约为 7kA，持续时间约为 170ms。

变压器上次油中溶解气体为氢气 38.07μL/L，二氧化碳 395.15μL/L，乙炔含量为 0μL/L。故障后油中溶解气体为氢气 170.98μL/L，二氧化碳 2949.28μL/L，乙炔 24.98μL/L。

变压器绕组、铁芯绝缘电阻、绕组直流电阻、绕组连同套管的介损和电容量试验未见异常。

变压器电压比试验误差见表 8.16。

表 8.16　　变压器电压比试验误差

分接位置	AB/A_mB_m	BC/B_mC_m	AC/A_mC_m
1	0.37	0.67	0.82
9	0.19	0.42	0.62
17	0.04	0.24	0.44

变压器故障前后 110kV 绕组直流电阻测试结果见表 8.17。

表 8.17　　变压器中压侧换算至 75℃ 的直流电阻

试验日期/(年-月)	A	B	C
2014-4	110.9	110.3	110.7
2016-6	110.7	110.1	109.3

3. 诊断分析

从故障后油中溶解气体分析，很显然，放电特征气体氢气和乙炔突增，表明压器内部发生了电弧放电。

现场高压试验人员先行开展的绝缘电阻、直流电阻、介损与电容量、电压比试验均未发现异常。

由于是 110kV C 相线路发生接地故障，继而引发变压器差动保护动作，怀疑变压器内部发生瞬时对地放电现象。鉴于常规试验未检测到异常，现场故障调查小组商议进一步开展局部放电试验，若无异常放电，则计划恢复变压器运行。

然而，通过分析现场高压试验项目，发现变压器是否存在匝间短路故障不能排除，建议现场改变电压比测试方法。之前电压比试验是通过相间测试的方式开展的，即使 110kV C 相绕组存在匝间短路故障，也检测不出来（励磁磁通可以通过另外一相以及旁轭构成回路，电压比不会发生变压），需进行单相电压比试验确认变压器绕组匝间绝缘状况。单相测试结果显示 C 相变比误差为 9.32%，A 相、B 相电压比正常。显然，可以判定 C 相绕组铁芯磁路异常，至于是高压绕组还是中压绕组发生匝间短路，通过目前的试验项目，尚不能确定。

中性点有效接地系统发生单相接地故障时，角接的 10kV 绕组对于零序电流等同于短路，因此 10kV 绕组同样存在匝间短路的可能。为判断发生匝间短路的绕组是高压绕组、低压绕组还是平衡绕组，继续开展了低电压短路阻抗试验。

第一步，按照标准测试程序将 110kV 绕组三相短路，由 220kV 绕组施加励磁电压进行测试，短路阻抗误差均在1.6%以内，见表8.18。从而可得到两个结论：一是变压器A相、B相220kV与110kV绕组未发生显著变形现象，但C相绕组可能存在局部变形（参照前面相关章节关于阻抗电压计算分析，阻抗电压增大，说明等效漏磁面积增大，等效漏磁面积增大，说明220kV绕组与110kV绕组之间的距离变大或绕组电抗高度降低）；二是发生匝间短路的绕组为110kV（若10kV绕组发生匝间短路，则必然高压与中压绕组对间的C相阻抗电压要减小，等效电路图中，相等于110kV绕组的漏抗与10kV绕组漏抗并联后再与220kV绕组漏抗串联；若220kV绕组匝间短路，则阻抗电压会显著减小）。

第二步，为进一步确认110kV C相绕组匝间短路故障，将220kV绕组三相短路，由110kV绕组励磁，再次进行阻抗电压测试，结果见表8.19。可见，C相阻抗电压误差达到−16.38%，显而易见，110kV C相绕组发生匝间短路，其背后的物理意义详见后续章节的综合故障分析案例。

第三步，再回头分析110kV C相绕组直流电阻测试数据，发现绕组三相直流电阻大小关系发生了改变，C相变小了。可见，三个判据同时指向110kV C相绕组匝间短路。

表8.18　高压-中压绕组对短路阻抗

试验部位	高压-中压		
相别	A	B	C
铭牌值/%	12.33	12.33	12.33
诊断测试值/%	12.38	12.31	12.46
变化率/%	0.40	0.16	1.05

表8.19　中压-高压绕组对短路阻抗

试验部位	中压-高压		
相别	A	B	C
铭牌值/%	12.33	12.33	12.33
诊断测试值/%	12.38	12.31	10.31
变化率/%	0.40	0.16	−16.38

判定了变压器110kV绕组匝间短路，也就排除了变压器重新投运的可能。变压器返厂检修。

4. 检修情况

（1）110kV C相线圈从上端盖数第38～48饼间的区域轴向受压缩变形，41饼、42饼径向收缩，45饼、46饼两处匝间短路放电，并有大量游离碳黑，如图8.26所示。

（2）110kV C相平衡线圈上端盖倾斜，从上端盖数到48饼之间线饼倾斜，导致饼间距离宽窄不一，如图8.27所示。

图8.26　C相中压绕组匝间短路

图8.27　C相低压绕组上压板倾斜

5. 状态诊断过程感悟

(1) 变压器状态诊断试验时，变压比测试推荐采用单相测试的方法，可以灵敏的反映出测试绕组的磁路是否存在问题，不易发生误判。

(2) 变压器诊断工作过程中，若怀疑绕组存在匝间短路故障，灵活利用低电压短路阻抗试验，结合最基本的变压器短路工作原理，可准确判定匝间短路绕组位置。

(3) 直流电阻测试灵敏度的问题。按本书前面章节相关结论，对110kV绕组发生两匝匝间短路故障直流电阻变化率进行估算。

变压器额定容量为150000kV·A，估算铁芯柱直径的计算过程如下：

$$P_W=\frac{(P_1+P_2+P_3)P_N}{2P_N}=\frac{P_1+P_2+P_3}{2}=172500(\text{kV}\cdot\text{A})$$

$$P'=\frac{P_W}{m_t}=\frac{P_W}{3}=57500(\text{kV}\cdot\text{A})$$

$$D=K\sqrt[4]{P'}=55\times\sqrt[4]{57500}=850(\text{mm})$$

铁芯柱有效截面积：$S=\frac{k}{4}\pi D^2=5501(\text{cm}^2)$，$k$ 为叠片系数，取0.97。

铁芯磁密选标准值1.73T，则匝电压 $e_t=\frac{BS}{45}=211.48(\text{V})$。

因此，110kV绕组匝数 $W=\frac{U_N}{e_t}=330$（匝）。

本案例解体分析结论为110kV A相绕组两匝短路，其直流电阻变化率为0.606%，可见，小于相关规程规定的2%的限值。

因此，得出以下结论：直流电阻标准限值对于判断110kV、220kV绕组匝间短路故障基本没有灵敏度［220kV绕组匝数粗略估算为110kV绕组的两倍，则其发生两匝绕组短路，直流电阻变化率为0.303%，远远小于2%的判断标准，见《输变电设备状态检修试验规程》(DL/T393)］。当然，若调压绕组发生匝间短路，又是另外一回事了，本书第8章［案例1］进行了详细说明。

【案例2】

1. 设备主要参数

(1) 型号：SFPZ9-180000/220。

(2) 额定电压(kV)：220±8×1.25%/121/10.5。

(3) 额定容量(kV·A)：180000/180000/90000。

(4) 联结组别：YNyn0d11。

(5) 空载电流：0.19%。

(6) 阻抗电压：高压-低压为14.44%。

2. 设备运维状况

变压器2007年5月投运，各项电气试验指标均无异常，运行状况良好。

2010年7月，变压器有载开关进行调压操作时，变压器本体差动保护、重瓦斯保护、压力释放阀动作，变压器三侧开关跳闸。

油中溶解气体为氢气278μL/L，乙炔208μL/L。

直流电阻试验、电压比试验、低电压短路阻抗试验和空载电流试验均显示异常。

(1) 直流电阻试验。低压绕组、中压绕组相间不平衡率满足要求，带有载调压开关的直流电阻测试显示高压A相10～17分接位置直流电阻比相应的1～8分接位置直流电阻普遍偏大25mΩ。从变压器220kV三相绕组内部中性点与有载分接开关连接处进行主绕组直流电阻测试，无异常。从调压绕组引线处直接测试调压绕组直流电阻，不平衡率超注意值，测试数据见表8.20。

表8.20　直流电阻测试结果（高压绕组未接入调压绕组）（油温40℃）　单位：mΩ

低压绕组	ac	ba	cb	不平衡率/%
	1.824	1.822	1.816	0.44
中压绕组	Am	Bm	Cm	不平衡率/%
	76.85	76.66	77.06	0.52
高压主绕组	A	B	C	不平衡率/%
	308.8	309.2	308.8	0.13
调压绕组	At	Bt	Ct	不平衡率/%
	43.49	40.24	38.86	11.3

(2) 电压比试验。先后用三台变比测试仪进行了电压比测试，其中一台当进行到测试阶段时显示“错误”，无法进行测试。另两台变比仪测试结果一致，AB相在各分接存在17%左右的正偏差，BC、CA相变比基本不随分接位置变化。

(3) 低电压短路阻抗测试。高压9分接对中压的低电压短路阻抗测试结果显示A相阻抗电压为14.58%，与铭牌三相平均值14.44%偏差为1%，满足小于±1.6%的要求，B相、C相阻抗电压分别为10.43%与10.58%，显著减小，与铭牌相比偏差超标。高压绕组1分接B相、C相阻抗电压分别为9.18%与9.26%，与9分接相比减小。测试数据见表8.21。

表8.21　高压对中压低电压短路阻抗测试数据

项目	阻抗电压/%				漏电感/mH			
相别	AX	BY	CZ	偏差/%	AX	BY	CZ	偏差/%
主绕组	14.58	10.43	10.58	35.0	127.42	88.50	90.15	38.1
全绕组	15.80	9.18	9.26	58.0	178.43	79.55	108.50	80.9

(4) 测试结果表明三相空载电流严重异常，见表8.22。相对比较，A相励磁电流比B相、C相小20%左右。B相、C相激磁电压为56V时，电流已达到3.8A，在额定励磁电压之内，可认为励磁电流与励磁电压呈线性关系，可见空载电流增大约75倍，严重异常。

表8.22　空载电流测试数据

励磁绕组	ac相	ab相	bc相
电压/V	70.9	56.14	56.21
电流/A	3.445	3.835	3.806
激磁电抗/Ω	20.5	14.49	14.67
备注	空载电流增大数10倍		

3. 诊断分析

从故障后油中溶解气体分析，很显然，放电特征气体氢气和乙炔突增，表明变压器内部发生了电弧放电。

(1) 低压绕组、中压绕组相间不平衡率满足要求，带有载调压开关的直流电阻测试显示A相10～17分接位置直流电阻比相应的1～8分接位置直流电阻普遍偏大25mΩ，判断有载分接开关副极性选择开关接触不良，现场检查发现K触头烧伤。由于极性选择开关烧伤，为保证高压绕组试验结果正确性，现场将有载分接开关引线解开，直接从调压绕组引线进行直流电阻测试。测试结果表明高压绕组本体相间不平衡率为0.13%，是合格的。调压绕组电阻值分别为：A相43.4 9mΩ，B相40.24mΩ，C相38.86mΩ，不平衡率为11.3%，严重超标。并且A相调压绕组距调压开关最近，引线最短，C相调压绕组距调压开关最远，引线最长，但是A相直阻最大，C相最小，初步怀疑B、C相调压绕组存在匝间短路。

(2) 电压比异常，初步判断B、C相调压绕组匝间短路。

(3) 高压9分接对中压的低电压短路阻抗测试结果显示A相阻抗电压为14.58%，与铭牌三相平均值14.44%偏差为1%，满足小于±1.6%的要求，B相、C相阻抗电压分别为10.43%与10.58%，显著减小，与铭牌相比偏差超标。高压绕组1分接B相、C相阻抗电压分别为9.18%与9.26%，与9分接相比减小，主漏磁空道增大，阻抗电压应增大，因此判断B相、C相调压绕组存在匝间短路现象。

(4) 空载电流测试结果表明三相空载电流均异常，相对比较，A相励磁电流比B相、C相小20%左右，判断B相、C相调压绕组匝间短路。

4. 检修情况

现场吊罩检查，发现B相、C相绕组围屏鼓包，B相比C相严重。现场解开C相围屏发现C相调压绕组轴向失稳，导线坍塌，下段调压绕组从底部数第6饼与7饼之间匝间短路，有铜屑。从C相调压绕组变形情况判断，还存在未看到的其他部位严重匝间短路，从B相绕组试验数据及围屏变形情况判断，B相调压绕组损坏要比C相严重。检修情况如图8.28～图8.31所示。

图8.28　B相调压绕组短路变形

图8.29　C相调压绕组轴向变形匝间短路

图 8.30 有载分接开关触头烧损

图 8.31 引线高温变黑

5. 状态诊断过程感悟

(1) B相选择开关从8位置向7切换过程中，切换开关动作时间较产品技术手册中的提前了3.5圈（572ms）（根据产品技术手册，切换开关应在28圈即4590ms动作，现场检查切换开关在24.5圈即4008ms动作），分接选择开关燃弧，造成3相调压绕组短路。

(2) 电压比试验异常，往往预示着绕组磁路异常，若伴随器身内部发生电弧放电，则往往预示着绕组发生了匝间短路。

8.3 绕组过热故障诊断案例分析

8.3.1 绕组过热故障概述

变压器中的有空载损耗和负载损耗转化为热量，一部分热量提高了绕组、铁芯及结构件本身的温度，另一部分热量向周围介质（如绝缘物、变压器油等）散出，使发热体周围介质的温度逐渐升高，再通过油箱和冷却装置对环境空气散热。当各部分的温差达到能使产生的热和散出的热平衡时，即达到了稳定状态，各部件的温度不再变化；反之，若某个部位的发热量大于预期值或散热量小于预期值，则不能达到发热和散热在规定的限值内平衡，这就发生了过热现象。

变压器在运行过程中，涉及电、磁、热、力等多方面的作用，因此，导致变压器过热故障的原因也多种多样，其分类也不同。按发生部位可分为内部过热故障和外部过热故障。内部过热故障主要包括绕组、铁芯、油箱、夹件、拉板、无载分接开关、连接螺栓及引线等部件的故障；外部过热故障包括套管、冷却装置、有载分接开关的驱动控制装置以及其他外部组件的故障。

绕组过热通常有以下几方面的原因：

(1) 变压器绕组漏磁场可分为轴向分量和辐向分量。轴向分量分布较简单，沿绕组高度变化较小；辐向分量沿绕组高度变化较大，由他引起的辐向涡流损耗分布很不均匀。由于辐向漏磁场最大值一般出现在绕组端部附近，因此当绕组单根导体的截面尺寸选择不合适时，对于大容量或高阻抗变压器，其严重的漏磁场在绕组端部产生的局部涡流损耗可达直流电阻损耗的1倍以上，由于涡流损耗过分集中可导致绕组端部过热。

（2）由于绕组换位不合适，使漏磁场在绕组各并联导体中感应的电势不同，由于各并联导体存在电位差，因此在它们之间产生环流。环流和工作电流在一部分导体里是相加，而在另一部分导体中是相减，被叠加的导体电流过大，引起过热。

（3）换位导线股间绝缘损伤后形成环路，漏磁通在其中产生环流，引起局部过热。

（4）处于较高温度下的绕组导体，由于焊接质量不良，使焊接处接触电阻逐渐增大而引起该处过热或导体烧断。

（5）绕组匝间有小毛刺、漏铜点等的材料本身质量问题，虽然未完全短路，但也会形成缓慢发热，以致油温升高，最终产生过热现象。

（6）导线回路接头连接不良。主要有低压绕组引出线与大电流套管的连接螺栓压接接头，由于压紧程度不足，造成接触电阻大，引起接线片及套管导流片烧损；高压绕组引出线的接线头没有与高压套管的导电头拧紧，由于接触电阻大，引起接线头和导电头烧焊在一起，或引线头与引出线的焊剂融化，使引线脱落；分接引线与绕组的引线接头焊接质量不良，引起分接引线在焊接处烧断等。

（7）绕组油道堵塞。为降低变压器损耗，通常在绕组设计制造中采用换位导线。当扁线绞编和匝绝缘包扎不紧实或因振动引发绕组导体松动时，会使采用换位导线的油浸变压器在运行一段时间后发生“涨包”，段间油道堵塞、油流不畅，匝绝缘得不到充分冷却，使之严重老化，以至发黄、变脆，在长期电磁振动下，绝缘脱落，局部露铜。

绕组过热故障通常电气特征比较明显，绝缘油中溶解气体色谱分析、直流电阻、空载损耗等试验均可能发现异常。

8.3.2　绕组过热故障案例分析

【案例】

1. 设备主要参数

（1）型号：SFSZ9－63000/110。

（2）额定电压（kV）：110±8×1.25%/38.5/10.5。

（3）额定容量（kV·A）：63000/630000/31500。

（4）联结组别：YNyn0d11。

（5）空载电流：0.7%。

2. 设备运维状况

变压器2006年10月投运，各项电气试验指标均无异常，运行状况良好。

2011年6月，变压器例行试验发现高压侧部分分接位置直流电阻不平衡率超注意值。试验数据见表8.23。

3. 诊断分析

粗看表8.23所示的直流电阻，好像没有什么规律，但若将三相直流电阻放在同一个坐标轴作图，可直观地看到直流电阻变化规律。如图8.32所示，A相与C相在17个分接位置的直流电阻均非常接近，而B相直流电阻在1～6分接与15～17分接比A相与C相平均值约高17mΩ。

对于一个正常的带调压绕组的高压绕组，其直流电阻值基于额定分接位置应该是对称的。

表 8.23　　高压绕组直流电阻测试结果（油温 55℃）　　单位：Ω

分接位置	A 相	B 相	C 相	不平衡率/%	分接位置	A 相	B 相	C 相	不平衡率/%
1	0.336	0.3549	0.3389	5.51	10	0.2976	0.2978	0.2991	0.50
2	0.332	0.3501	0.3334	5.35	11	0.3029	0.3034	0.305	0.69
3	0.3251	0.3441	0.3276	5.72	12	0.3087	0.3088	0.3105	0.58
4	0.3195	0.3385	0.322	5.82	13	0.3141	0.3144	0.316	0.60
5	0.3139	0.3328	0.3165	5.89	14	0.3195	0.3199	0.3217	0.69
6	0.3087	0.3271	0.3109	5.83	15	0.3248	0.3439	0.326	5.76
7	0.3031	0.3035	0.3052	0.69	16	0.3306	0.3494	0.3329	5.57
8	0.2974	0.2981	0.2997	0.77	17	0.3358	0.3546	0.338	5.48
9	0.2933	0.2915	0.2931	0.62					

图 8.32　高压侧直流电阻分布图

图 8.33～图 8.36 为一台 MR 公司生产型号为 MⅢ600Y－123/C－10 19 3WR 有载分接开关切换过程示意图。

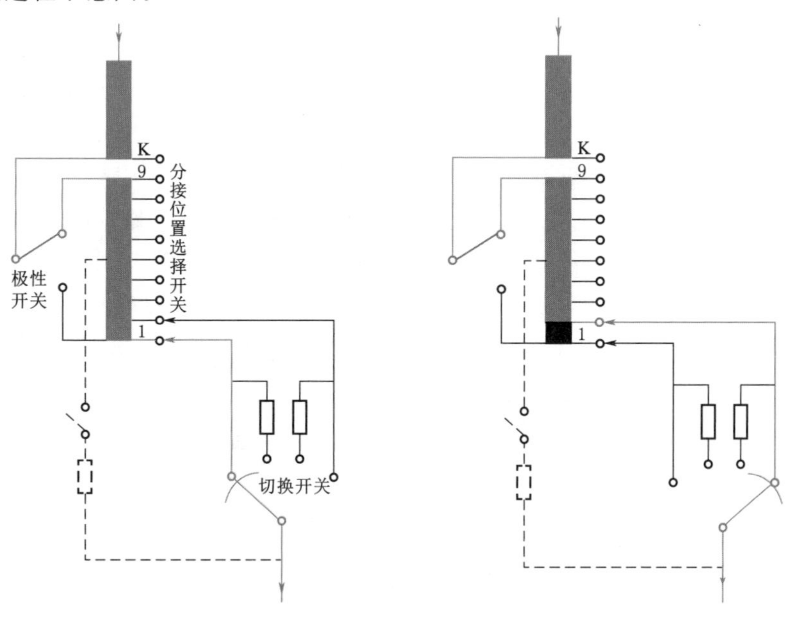

图 8.33　分接位置 1 示意图

图 8.34　分接位置 2 示意图

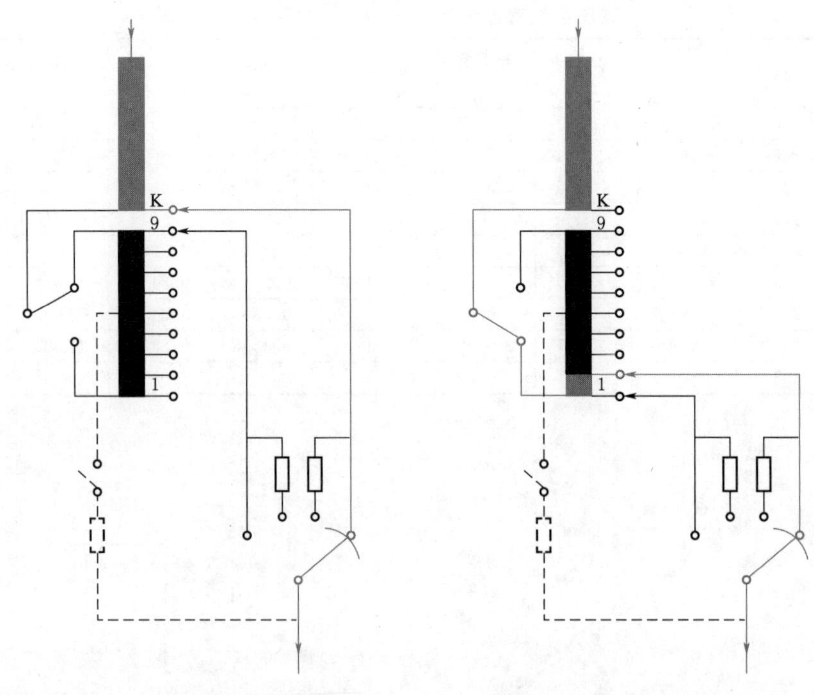

图 8.35　分接位置 9b 示意图　　　　图 8.36　分接位置 10 示意图

电力变压器调压方式一般均为正反调，其铭牌参数中额定电压部分“±8×1.25%”即表示有 8 个分接位置，采用正反调压的方式后，连同额定分接位置，共有 17 个分接挡位可选择。

在测试直流电阻时，对于 1－8 分接位置，极性选择开关与图 8.33 中 9 位置相连，对于 10－17 分接位置，如图 8.36 所示。极性选择开关与 1 分接位置相连。由于调压绕组是由 8 段相同的导线并绕后，首位相连引出分接位置，因此正常情况下，每一个分接的段直流电阻均为 1 段导线串联值，是相同的（实际的变压器结构设计中，为保证安匝平衡，通常将调压线段在绕组上半部与下半部对称布置，因此实际的一个分接段直流电阻为上半段导线与对称布置的下半段导线并联的值）。

图 8.37 所示的正调线段的分接位置和反调线段的分接位置与显示的分接位置对应关系图，1－8 分接位置与 10－17 分接位置若其值差 8，则表明其对应于同一个分接头抽头，如显示的分接位置 6 与显示的分接位置 14 对应于同一分接抽头 6，显示的分接位置 7 与显示的分接位置 15 对应于同一分接抽头 7。

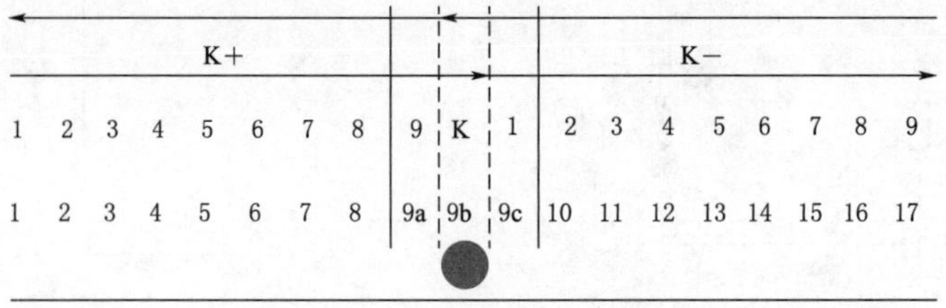

K+　K−
1 2 3 4 5 6 7 8 9 K 1 2 3 4 5 6 7 8 9
1 2 3 4 5 6 7 8 9a 9b 9c 10 11 12 13 14 15 16 17

图 8.37　正反调分接位置对应图

如图 8.37 所示，高压侧直流电阻测试数据表明 1－6 分接直流电阻偏大，7－9 分接正常，说明第 6 个分接段与第 7 个分接段引出线接触不良；15－17 分接段直流电阻偏大，也说明第 6 个分接段与 7 个分接段引出线接触不良。

4. 检修情况

现场吊罩重点对分接段引线连接情况进行了检查，果然高压绕组 B 相调压线包至分接开关 6 号、7 号引线压接部位松动，如图 8.38 所示。现场重新压接后，测试不平衡系数符合规程要求，缺陷消除。

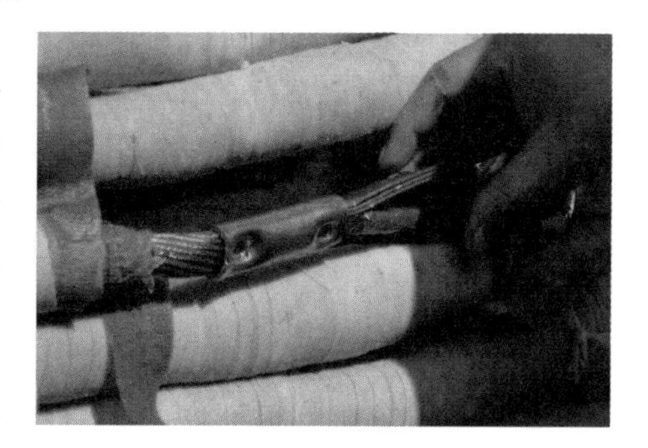

图 8.38 引线压接不良

5. 状态诊断过程感悟

(1) 对于同一段分接绕组，正调和反调对应的分接位置有固定关系。掌握了此关系，就可以准确判断故障部位。

(2) 如图 8.37 中所示，基于 9 分接位置对称的直流电阻分布的分接位置，如 3 分接与 15 分接（显示的分接位置之和为 18 的对应分接），虽然其直流电阻相同，但其实对应的并不是同一个分接段。3 分接位置参与导流的分接段为 3－8 段（图中由分接位置 1 开展编号，调压线段共有 8 段）；15 分接位置参与导流的为 1－6 段。

(3) 一台导电回路无异常的变压器 220kV 侧直流电阻分布如图 8.39 所示。

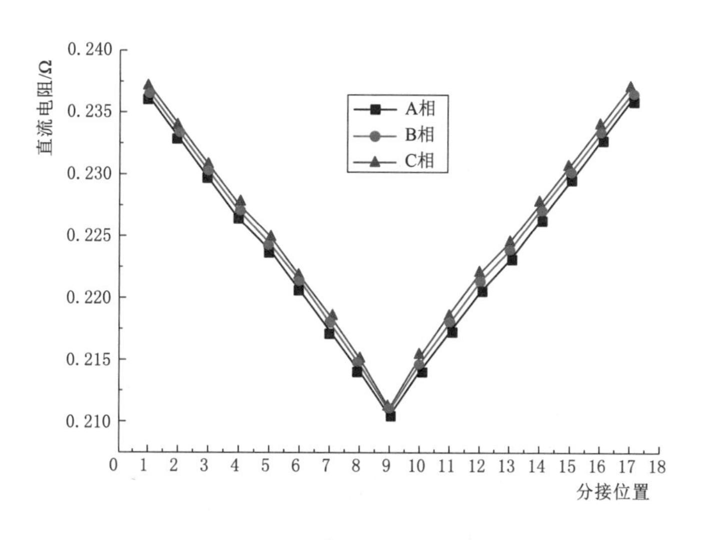

图 8.39 导电回路正常状态下直流电阻分布图

(4) 一侧的切换开关发生导电回路接触不良，其典型直流电阻分布如图 8.40 所示。

(5) 一侧的极性选择开关导电回路接触不良，其典型直流电阻分布如图 8.41 所示。

(6) 5 分接位置选择开关动静触头接触不良典型直流电阻分布如图 8.42 所示。

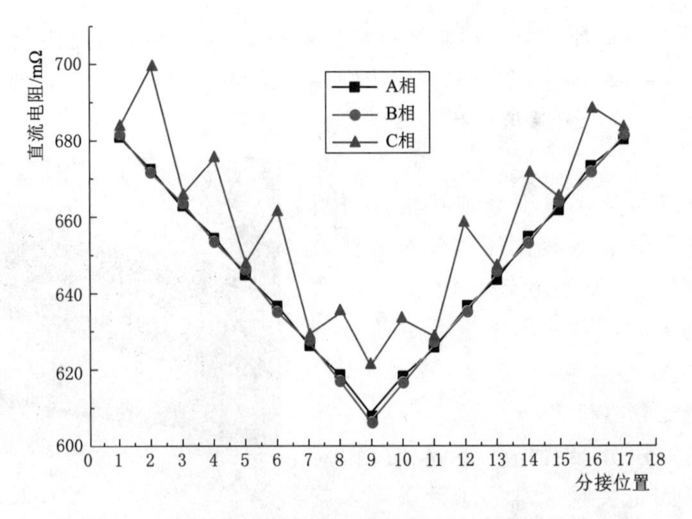

图 8.40　一侧切换开关导电回路接触不良直流电阻分布图

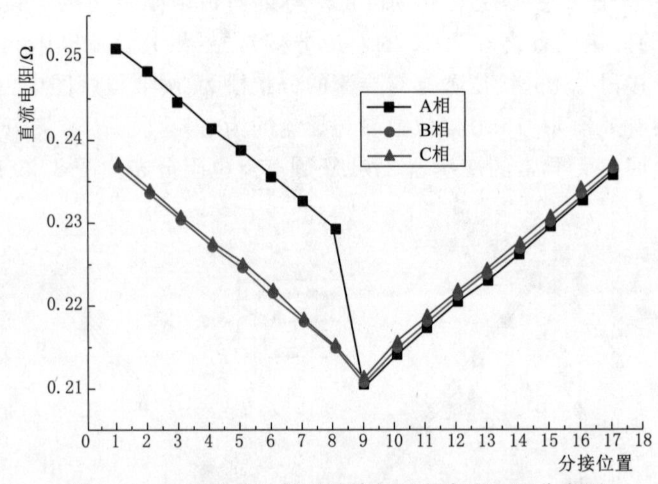

图 8.41　正调极性选择开关接触不良直流电阻分布图

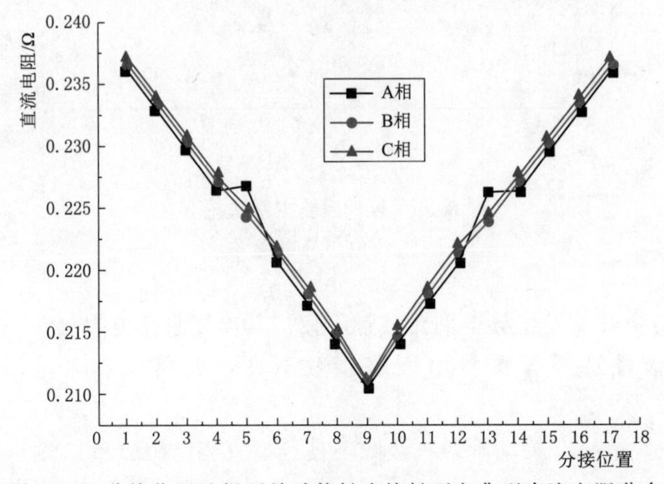

图 8.42　分接位置选择开关动静触头接触不良典型直流电阻分布

(7) 由于变压器正常工况下运行在10分接或11分接位置，导电部位接触不良的部分未参与导电，因此变压器油中溶解气体分析未检测到过热性特征气体。由此可见，任何测试手段都有其局限性，油色谱虽然对主变内部过热性与放电性故障非常敏感，但也有其运用条件。变压器油色谱分析未见异常，不代表变压器导电回路接触良好。

8.4 导磁回路过热故障诊断分析

8.4.1 导磁回路过热故障概述

当变压器处于额定或正常运行条件下，工作电流在设计阶段已经从发热和冷却各方面得到了有效控制，由磁路异常导致局部过热现象经常发生。若按部件划分，大致分为铁芯过热、铁芯拉板过热、油箱壁局部过热、金属构件螺栓过热等。

(1) 铁芯过热故障。变压器铁芯局部过热是一种常见故障，通常是由于设计、制造工艺等质量问题和其他外界因素引起的铁芯多点接地或短路而产生。变压器正常运行时，绕组、引线与油箱间将产生不均匀的电场，铁芯和夹件等金属结构件就处于该电场中，由于它们所处的位置不同，因此所具有的悬浮电位也各不相同。当两点之间的悬浮电位达到能够击穿其间的绝缘时，便产生火花放电。这种放电可使变压器油分解，长此下去，会逐渐损坏变压器固体绝缘，导致事故发生。为了避免这种情况，国家标准规定，电力变压器铁芯、夹件等金属结构件均应靠接地，使铁芯、夹件等金属结构件处于零电位。这样，在接地线中流过的只是带电绕组对铁芯的电容电流。对三相变压器来说，由于三相结构基本对称，三相电压对称，所以三相绕组对铁芯的电容电流之和几乎等于零。对于高电压、大容量的单相自耦变压器，夹件接地电流稍大，正常运行情况下，100mA左右的情况也比较常见。但当铁芯两点或两点以上接地时，则在接地点间就会形成闭合回路，并与铁芯内的交变磁通相交链而产生感应电压，该电压在铁芯及其他处于零电位的金属结构件形成的回路中产生数十安的电流或环流，由此可引起局部过热，导致油分解并产生可燃性气体，还可能使接地片熔断或烧坏铁芯，导致铁芯电位悬浮，产生放电。

(2) 铁芯拉板过热故障。大型变压器铁芯拉板，是为保证器身整体强度而普遍采用的重要部件，通常采用低磁钢材料，由于其处于铁芯与绕组之间的高漏磁场区域中，因此易于产生涡流损耗过分集中，严重时会造成局部过热。采用的低磁钢拉板错用了导磁钢板材料，漏磁场在铁芯拉板中感应的涡流和涡流损耗过大，导致铁芯拉板局部过热。实际运行经验表明，铁芯拉板不开通槽或者开槽数量不合适，绕组辐向漏磁场在对应绕组上、下端部附近的铁芯拉板边缘或端部感应的涡流过大，引起局部过热以及低压大电流引线漏磁场和绕组漏磁场共同作用，在铁芯拉板端部边缘引起局部过热较为常见。

(3) 涡流集中引起的油箱局部过热故障。对于大型变压器或高阻抗变压器，由于其漏磁场很强，若绕组平衡安匝设计不合理或漏磁较大的油箱壁或夹件等结构件不采取屏蔽措施或非导磁钢板错用成普通钢板，使漏磁场感应的涡流失控，引起油箱或夹件等的局部过热。

(4) 处于漏磁场中的金属结构件之间的连接螺栓过热现象。当变压器铁芯拉板和夹件均为低磁钢板时，由低压引线漏磁场在铁芯拉板与夹件腹板之间的导磁钢连接螺栓中，产生的环流或涡流的集肤效应使接触不紧实的螺栓边缘（如螺纹、螺帽与腹板接触面邻近位置）出现局部烧黑、烧焦现象。另一种现象现场更为常见，就是变压器漏磁场在上、下节油箱连接螺栓中引起的过热。由于绕组漏磁场一部分与铁芯形成闭合路径，另一部分经过油箱壁形成闭合回路，当漏磁通通过上、下节油箱交界处时，由于空气的磁阻大，大量的漏磁通通过导磁较好的连接螺栓，使得螺杆内的磁通密度很高，并在螺杆中感应出很大的涡流。从而，造成连接螺栓严重过热，甚至烧红，造成密封胶垫被烧坏和变压器渗漏油。

导磁回路过热缺陷，一般通过空载试验均可发现问题，但有些故障类型与导电回路过热有时较难区分。如变压器绕组并联导线间的短路，在漏磁通作用下，短路线匝局部回路产生较大的环流，短路处高温引起绝缘纸碳化，但由于电磁线匝绝缘厚度为亚毫米级，导致绝缘油中一氧化碳与二氧化碳含量往往没有较大的变化，而空载试验也往往检测不出来，与高压绕组轻微导电回路接触不良故障很难区分，实际诊断工作中需特别注意。

8.4.2 导磁回路过热故障案例

【案例1】

1. 设备主要参数。

(1) 型号：SFPZ10-180000/220。

(2) 额定电压（kV）：220±8×1.25%/121/10.5。

(3) 额定容量（kV·A）：180000。

(4) 联结组别：YNyn0d11。

2. 设备运维状况

变压器2009年8月生产，2010年3月投运，主变有功负荷维持在10万kW左右。2010年06月13日110kV线路发生单相接地故障，重合成功。

2011年9例行试验发现变压器铁芯与夹件之间绝缘电阻低，2500V兆欧表显示“0”，用万用表测试为5.6Ω。由于供电负荷紧张，主变随即投入运行。测得铁芯接地电流为9A，确定铁芯与夹件之间绝缘损坏，形成多点接地。为防止故障点劣化加速，保障变压器安全运行，在变压器铁芯接地引下线中串接1200Ω电阻，铁芯接地电流降至50mA，满足规程规定的不大于100mA的要求。

2012年9月，用电容器放电的方法对铁芯与夹件放电冲击，绝缘不良缺陷依然没有消除，主变继续监视运行至2013年3月。

2013年3月制造厂技术人员配合供电局对变压器行了现场钻孔检查，未找到故障部位，主变继续监视运行至2014年6月。期间变压器绝缘油中溶解气体跟踪检测情况见表8.24。

表8.24　变压器油中溶解气体跟踪监测结果　单位：μL/L

取样日期/(年-月-日)	氢气	一氧化碳	二氧化碳	甲烷	乙烷	乙烯	乙炔	总烃
2011-3-12	21.64	23.50	249.06	2.90	0.56	3.37	0.20	7.03
2011-6-3	46.32	38.74	236.8	9.09	2.82	8.93	0.15	20.99
2011-9-15	36.12	31.44	330.74	13.08	4.72	11.90	0.00	29.71

续表

取样日期/(年-月-日)	氢气	一氧化碳	二氧化碳	甲烷	乙烷	乙烯	乙炔	总烃
2011-12-13	60.96	39.96	274.30	13.00	5.25	12.64	0.00	30.89
2012-3-2	62.77	14.31	5.26	14.31	5.26	12.68	0.00	32.25
2012-6-14	40.84	39.31	330.01	13.27	0.00	13.42	5.30	31.99
2012-9-14	93.26	51.39	294.89	15.72	5.41	13.41	0.00	34.54
2012-12-14	95.90	52.81	311.70	16.46	5.13	12.65	0.00	34.23
2013-3-17	1.99	4.50	84.27	0.83	0.65	1.02	0.00	2.50
2013-3-19	2.16	3.82	124.01	0.61	0.00	0.92	0.00	1.53
2013-3-19	2.67	6.56	147.93	0.80	1.03	1.12	0.00	2.95
2013-3-22	3.17	6.31	155.78	0.88	0.00	1.19	0.00	2.07
2013-3-28	4.21	14.22	255.36	2.76	7.09	1.53	0.00	11.38
2013-4-16	4.56	18.80	281.11	1.27	0.00	1.55	0.00	2.82
2013-6-19	10.09	63.58	477.25	2.87	0.82	2.10	0.00	5.79
2013-8-17	20.42	80.61	563.89	3.67	0.00	2.09	0.00	5.76
2013-9-6	14.9	72.90	599.6	3.37	0.98	2.05	0.00	6.40
2013-12-19	23.88	82.18	622.33	3.57	0.84	2.08	0.00	6.49
2014-3-5	27.27	74.21	706.02	3.68	0.00	2.06	0.00	5.74
2014-6-11	45.46	83.97	740.66	4.08	0.00	2.22	0.00	6.30

3. 诊断分析

从油中溶解气体色谱分析结果判断，2011 年 9 月之后，由于环流已被限制到 50mA，因此未检测到气体组分明显异常。

器身内部的铁芯、夹件绝缘不良缺陷经电容放电未能消除，判断此部位接触稳定，漏磁通经大地-铁芯引出线-铁芯-接触部位-夹件-夹件引出线-大地构成闭合回路，产生环流。由于漏磁通与变压器负荷正相关，铁芯接地电流随负荷大小变化，在 4～9A 之间波动。

在变压器铁芯及地回路串接 1200Ω 电阻，铁芯接地电流降至 50mA，在忽略铁芯与夹件接触电阻的情况下，可以估算闭合回路感应电势为 60V，此感应电势由漏磁通产生。未进行限流时，最大接地电流为 9A，可以估算接触电阻 6.7Ω，此闭合回路产生的最大功率损耗为 540W。由表 8.25 可见，在 2011 年 3 月至 9 月期间，由于存在过热点，1 号主变总烃增长较为明显，在 2011 年 9 月采取限流措施后，主变色谱监测值稳定，烃类气体没有明显增长趋势。

变压器漏磁通估算如下：

此变压器设计参数为：中压绕组匝数 278 匝，中压绕组电抗高度 1.850m。根据前面章节公式，变压器漏磁通为

$$B_{m}=\frac{1.78IW\rho}{H_{K}}\times 10^{-4}=0.21(\mathrm{T})$$

根据变压器运行记录：当变压负荷为12万kW时，环流为9A。

因此，12万kW（取功率因素为0.9）时的漏磁为0.156T。

假设此漏磁完全穿越上述大地-铁芯引出线-铁芯-接触部位-夹件-夹件引出线-大地构成闭合回路，则可以估算出回路等效面积为1.28m^2，折算为圆形其半径则为0.63m。分析可能的故障部位有铁芯叠片与底部垫脚接触、两侧旁柱接地屏与夹件接触。

4. 检修情况

为缩小故障排查范围，首先断开了铁芯主级档中心连接片，通过电阻值试验测量方法，确定了夹件和铁芯的连接电位置位于低压侧1/4块位置，即铁芯的最小挡和夹件之间有连接。因此，重点对低压侧最小挡铁芯和夹件间进行了重点检查。经检查发现B相下夹件位置，小挡铁芯片有落片，落片和垫脚处连接。现场恢复小挡铁芯片到原来位置，并在夹件绝缘间增加撑板，增大夹持力。用2500V绝缘摇表测量，铁芯与夹件间绝缘电阻恢复到2500MΩ。检修情况如图8.43～图8.45所示。

图8.43 断开铁芯油道连接片

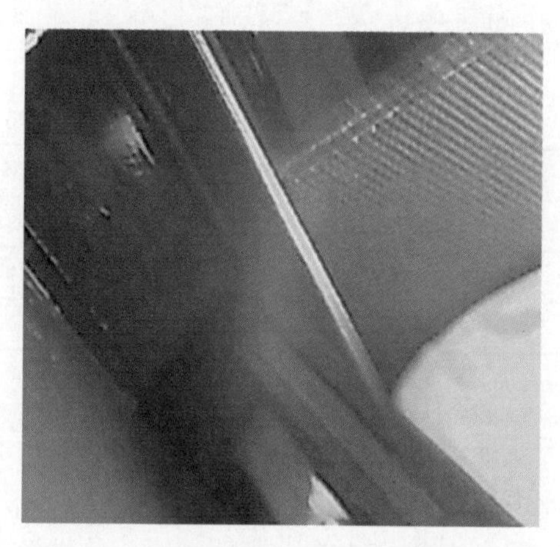

图8.44 低压侧B相有落片和垫脚连通

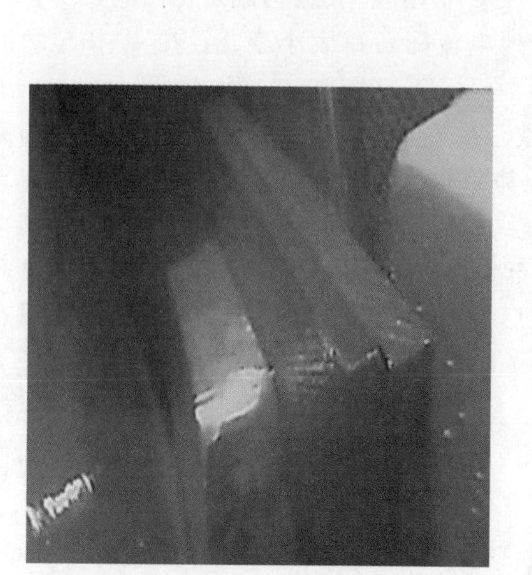

图8.45 处理后恢复正常状态

5. 状态诊断过程感悟

(1) 油中溶解气体分析，虽然各组分均处于限值之内，通过比较，在铁芯多点接地期间，总烃变化率明显偏高。

(2) 虽然故障点发热功率仅540W，但由于发热点较小，故障部位温度已达甲烷和乙烷显著增大的温度，即局部温度已达到400℃左右。

【案例2】

1. 设备主要参数

(1) 型号：SFZ9-40000/110。

(2) 额定电压（kV）：110±8×1.25%/38.5/10.5。

(3) 额定容量 (kV·A):40000/40000/40000。

(4) 联结组别:YNyn0d11。

(5) 空载损耗 (kW):37.29。

(6) 空载电流:0.65%。

2. 设备运维状况

变压器于2004年8月1日出厂,2005年1月27日投入运行。2012年6月在滤油过程中变压器本体进水,投运后跳闸。于2012年7月返厂大修,整体干燥并更换全部绕组。2012年9月重新投运。

变压器35kV与10kV均给煤矿供电,输电通道环境恶劣,线路跳闸频繁。

从2013年6月起,氢气、甲烷、一氧化碳、二氧化碳、总烃等气体含量增长明显。2013年9月,氢气含量超注意值,并检出3.5μL/L的乙炔。供电单位进行油中溶解气体跟踪监测,乙炔、甲烷、一氧化碳、二氧化碳、总烃气体含量保持缓慢增长。2015年3月遭受近区三相短路冲击,乙炔含量增长到35.01μL/L。油色谱分析结果见表8.25。

表8.25 变压器油中溶解气体跟踪监测结果 单位:μL/L

取样日期/(年-月-日)	氢气	一氧化碳	二氧化碳	甲烷	乙烷	乙烯	乙炔	总烃
2013-6-18	53.00	345.32	893.24	14.16	0.00	1.83	0.00	15.99
2013-9-7	157.61	700.56	1602.31	21.85	3.23	3.78	3.50	28.86
2013-12-1	165.04	741.35	1769.36	24.64	3.42	4.64	3.85	36.55
2014-3-5	192.78	558.74	1333.65	29.18	4.20	6.70	10.27	50.35
2014-6-6	226.81	616.63	1536.11	34.50	2.71	8.34	10.52	56.07
2014-9-9	364.05	1190.92	3501.32	54.02	7.23	12.64	15.78	89.67
2014-12-19	273.06	898.15	2227.60	50.85	7.01	11.66	12.73	82.25
2015-3-20	433.50	1091.85	2116.17	66.06	7.98	16.22	35.01	125.27

变压器介质损耗及电容量、直流泄漏电流、绝缘电阻、绕组直流电阻、电压比、低电压短路阻抗试验均无异常。

3. 诊断分析

可以利用三比值法对油中溶解气体色谱进行分析判断。2015年3月20日之前,变压器内部存在低能放电现象,2015年3月20日的试验数据表明变压器内部发生电弧放电。与其遭受近区三相短路冲击的情况相吻合。

也可以利用大卫三角形法进行判断。2015年3月20日之前,变压器内部存在低温过热现象,2015年3月20日的试验数据表明变压器内部发生电弧放电。

变压器油中一氧化碳与二氧化碳含量及比值如图8.46、图8.47所示,氢气与甲烷变化趋势如图8.48所示。

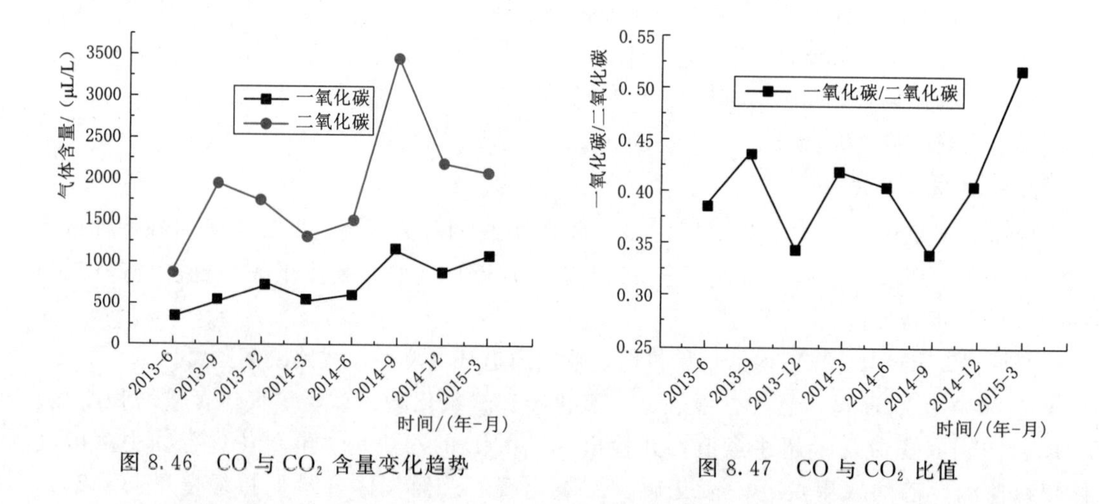

图 8.46　CO 与 CO_2 含量变化趋势　　　图 8.47　CO 与 CO_2 比值

分析一氧化碳与二氧化碳含量变化，其与变压器遭受短路冲击相吻合，一氧化碳的含量增长后趋于稳定，然后逐步下降。

鉴于变压器其余常规例行试验均未检测出明显异常，判断变压器绕组机械状态无异常、绝缘无异常。

油中乙炔产生的原因为变压器遭受短路冲击过程中漏磁通产生的感应电压导致结构件对地放电。

参考图 8.49 所示哈斯特气体分压-温度关系图，分析油中溶解气体变化趋势，发现符合 200℃左右的低温过热特征，且此低温过热现象始终存在，此低温过热缺陷似乎与固体绝缘关系不大。

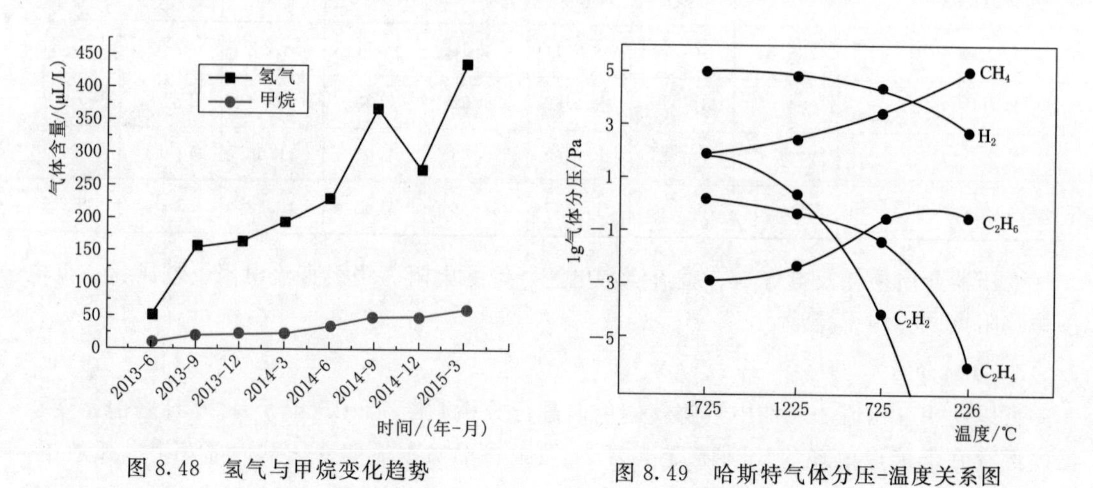

图 8.48　氢气与甲烷变化趋势　　　图 8.49　哈斯特气体分压-温度关系图

综合分析，推测变压器导磁回路异常。可能原因是短路冲击引发变压器磁回路损耗异常增大。变压器返厂检修。

4. 检修情况

由于怀疑导磁回路异常，变压器反制造厂后首先进行了复装，开展了额定电压下空载电流与空载损耗试验，试验结果见表8.26。

表8.26　变压器返厂后空载试验结果

励磁绕组	电压有效值/kV		空载电流		空载损耗/kW	
	平均值	有效值	A	%	实测值	校正值
abc	10.50	10.67	21.25	0.97	51.044	50.218

由表8.26可见，与变压器铭牌值相比，空载电流增大了49.2%，空载损耗增大了34.6%。很显然，变压导磁回路严重异常。

解体检查发现，靠近铁芯柱的围屏由于铁芯过热，已变色；铁芯存在过热的现象，铁芯中柱接缝处局部严重过热，出现大片硅钢片漆膜损坏及退火现象，如图8.50、图8.51所示。

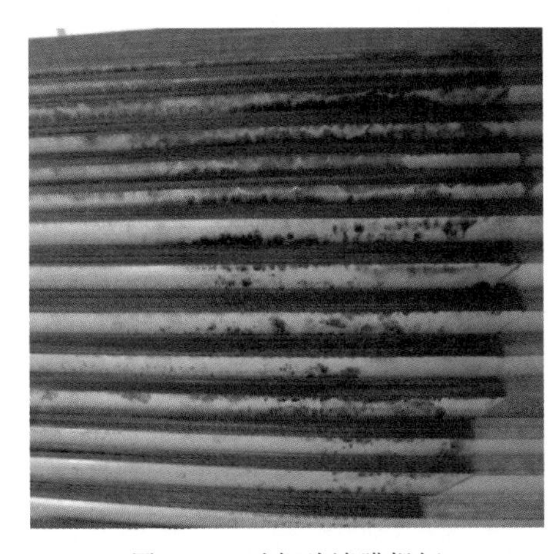

图8.50　硅钢片漆膜损坏

图8.51　硅钢片退火

5. 状态诊断过程感悟

（1）油中溶解气体分析，当各组分反应的电气特征不是非常明显时，需利用多种判断方法综合判断，仔细甄别。本次故障，由三比值法判断为低能放电，由大卫三角法判断为低温过热。检修结果为铁芯片漆膜损坏导致的涡流损耗异常增大，为过热性故障。

（2）变压器出厂试验空载试验结果与返厂复测差异较大，分析为以下两方面的原因。一是上次检修时，对硅钢片进行过两次的插拔操作，必然导致附加损耗系数增大；二是变压器频繁遭受短路冲击，铁芯柱受到电动力反复冲击，造成片间绝缘磨损加速，致涡流损耗异常增大。

8.5 附件故障案例诊断分析

8.5.1 附件故障概述

在变压器组件中，分接开关和套管的故障率最高。两者相比之下，分接开关的故障率又要高于套管的故障率。其次，储油柜渗漏或卡滞、呼吸器堵塞等也时有发生。

分接开关是带传动装置的有载调压或无励磁调压变压器的调压部件。有载调压分接开关要在高电压和大电流下频繁动作。分接开关的故障主要分两大类：机械故障和电气故障。机械故障包括自然磨损、异常磨损、运转失效、机械疲劳损坏或经受外力作用所导致的部件损坏。电气故障包括由短路电流引起的电弧熔蚀或由于触头接触不良引起的异常发热、燃弧放电以及雷击或异常过电压所造成绝缘油性能劣化乃至绝缘击穿。机械和电气故障的最终结果均可导致分接开关失灵甚至调压绕组烧毁。按照分接开关的故障部位统计，由于有载调压分接开关电动机构部件较多，所以其故障形式以电动机构部件故障最为常见。按照故障原因统计，有设计和工艺制造两方面。设计方面，由于未配置电位束缚电阻，导致极性选择开关切换过程中悬浮电位放电较为常见；工艺制造方面，由于装配工艺不良导致的位移、拒动、连动以及由传动齿轮加工精度不够导致的开关运转失常或损坏相对较多。

套管的故障主要体现在端部密封不严，绝缘受潮，引发电容屏击穿甚至瓷套爆炸；电容屏绕制工艺不良，屏间长期存在局部放电现象，导致绝缘油劣化、介损增大；末屏接地不可靠，长期悬浮放电导致整个电容屏放电击穿等。

呼吸器堵塞在北方地区的冬春交替季节较为常见，积雪部分消融造成覆冰，堵塞主油箱储油柜或有载调压开关储油柜呼吸器，当温度回暖，冰突然消融，往往导致油流涌动，造成变压器本体重瓦斯或有载调压开关重瓦斯误动作。

8.5.2　附件故障案例

【案例】

1. 设备主要参数

（1）型号：SSZ11－40000/110。

（2）额定电压（kV）：110±8×1.25%/38.5/10.5。

（3）额定容量（kV·A）：40000/40000/40000。

（4）联结组别：YNyn0d11。

（5）有载分接开关型号：VCVⅢ－500Y/72.5－10193W。

2. 设备运维状况

变压器于 2012 年 10 月出厂，2013 年 3 月投入运行。日常负荷维持在 29MW 左右，运行中无异常。

2014 年 11 月，上级集控中心对变压器进行远方分接开关调整挡位操作，在由 9 分接位置到 10 分接位置调整过程中，变压器本体差动保护动作，三侧断路器跳闸。二次差动电流为：A 相 0.58A、B 相 0.03A、C 相 0.57A。

（1）故障前后变压器油中溶解气体分析情况。故障前后变压器绝缘油中溶解气体分析结果见表 8.27。

表 8.27　变压器油中溶解气体跟踪监测结果　单位：μL/L

取样日期/(年-月-日)	氢气	一氧化碳	二氧化碳	甲烷	乙烷	乙烯	乙炔	总烃
2014－4－24	20.99	318.35	1314.05	5.93	5.21	2.56	0	13.7
2014－11－13	121.93	455.22	1674.98	25.81	3.37	23.36	52.78	105.32

（2）变压器有载调压控制回路检查情况。有载调压装置操作电源一相保险烧毁，更换保险后，调挡正常。

（3）故障前后高压侧直流电阻测试情况见表 8.28、表 8.29。

表 8.28　故障前变压器高压侧绕组相电阻（折算到 20℃）　单位：mΩ

分接位置	A 相	B 相	C 相	分接位置	A 相	B 相	C 相
1	677.4	676.9	678.8	10	612.6	613.1	614.4
2	667.4	668.0	669.7	11	621.1	622.0	623.8
3	657.9	658.7	660.5	12	630.4	630.9	632.8
4	648.9	649.7	651.3	13	639.6	640.7	642.1
5	639.3	640.7	641.9	14	648.9	649.9	651.3
6	631.3	631.1	632.8	15	658.1	658.4	660.4
7	621.6	621.8	623.4	16	667.4	667.3	670.0
8	614.0	612.6	614.4	17	677.3	676.7	678.8
9	601.8	601.9	603.0				

表 8.29　故障后变压器高压侧绕组相电阻（折算到 20℃）　单位：mΩ

分接位置	A 相	B 相	C 相	分接位置	A 相	B 相	C 相
1	661.2	674.2	676.4	10	603.5	609.5	611.6
2	659.3	665.0	666.9	11	605.0	618.8	621.0
3	660.3	655.8	658.3	12	613.8	628.0	629.8
4	649.0	646.6	648.8	13	623.7	637.0	638.9
5	640.1	637.3	639.1	14	633.7	646.1	647.9
6	627.5	627.9	630.2	15	642.7	655.1	656.7
7	617.8	618.7	620.5	16	652.5	664.2	665.9
8	609.8	609.4	611.7	17	661.0	673.5	675.2
9	597.4	598.8	600.4				

（4）故障后电压比试验情况见表 8.30、表 8.31。

表 8.30　故障后高压-中压电压比试验

分接位置	额定变比	实测变比			电压比误差		
		AC	AB	BC	ΔAC/%	ΔAB/%	ΔBC/%
9	2.857	2.7315	2.861	2.861	−4.39	0.14	0.14

表 8.31　故障后高压-低压电压比试验

分接位置	额定变比	实测变比			电压比误差		
		AC	AB	BC	ΔAC/%	ΔAB/%	ΔBC/%
9	10.476	9.998	10.490	10.489	−4.564	0.134	0.124

（5）故障后低电压短路阻抗试验情况。故障后变压器额定分接位置的三个绕组对间低电压短路阻抗试验结果见表 8.32。

表 8.32　　故障后低电压短路阻抗试验

测 试 位 置	高压-低压	高压-中压	中压-低压
铭牌阻抗 Z_K/%	18.22	9.95	6.73
测试阻抗 Z_{KA}/%	8.77	6.17	5.29
阻抗误差 ΔZ_{KA}/%	−51.87	−37.95	−21.33
测试阻抗 Z_{KB}/%	18.23	9.96	6.68
阻抗误差 ΔZ_{KB}/%	0.08	0.13	−0.64
测试阻抗 Z_{KC}/%	18.31	9.99	6.73
阻抗误差 ΔZ_{KC}/%	0.51	0.37	0.09
相间互差/%	52.10	38.24	27.22
漏电感 L_A/mH	83.21	58.74	6.21
漏电感 L_B/mH	175.51	95.85	7.87
漏电感 L_C/mH	176.31	96.10	7.93

（6）故障后绕组频响特性测试情况。故障后变压器绕组频响特性试验结果如图 8.52～图 8.54、表 8.33～表 8.35 所示。

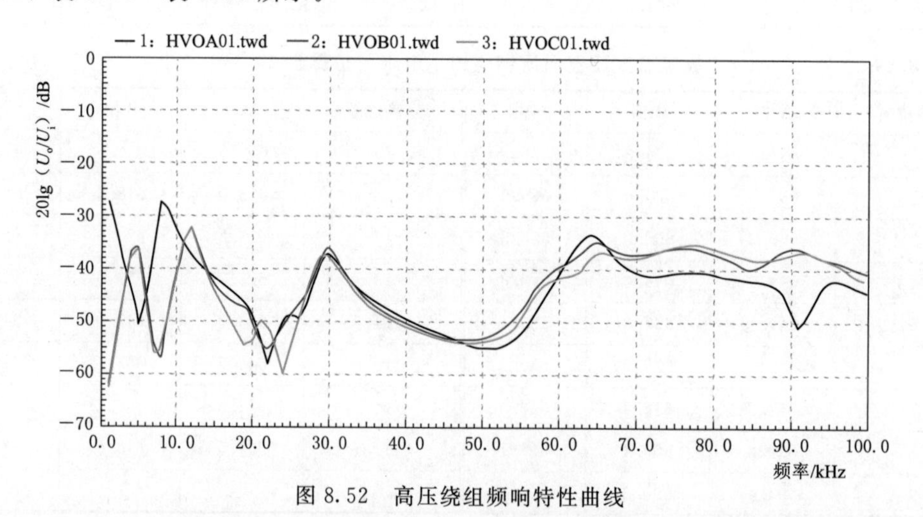

图 8.52　高压绕组频响特性曲线

图 8.53　中压绕组频响特性曲线

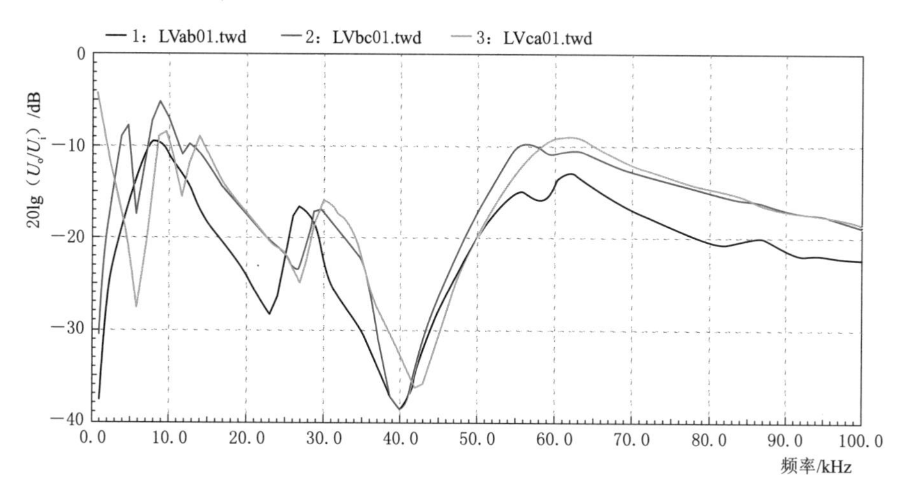

图 8.54 低压绕组频响特性曲线

表 8.33 变压器高压绕组频响曲线相关系数

相关系数	低频段	中频段	高频段
R_{21}	0.267	1.336	1.904
R_{31}	0.256	1.374	1.872
R_{32}	1.518	1.877	2.700
备注	低频段：1～100kHz 中频段：100～600kHz 高频段：600～1000kHz		

表 8.34 变压器中压绕组频响曲线相关系数

相关系数	低频段	中频段	高频段
R_{21}	0.547	1.680	2.451
R_{31}	0.600	1.605	2.729
R_{32}	1.611	2.222	2.793
备注	低频段：1～100kHz 中频段：100～600kHz 高频段：600～1000kHz		

表 8.35 变压器低压绕组频响曲线相关系数

相关系数	低频段	中频段	高频段
R_{21}	1.054	0.272	1.541
R_{31}	0.461	0.318	1.105
R_{32}	0.751	1.968	1.547
备注	低频段：1～100kHz 中频段：100～600kHz 高频段：600～1000kHz		

3. 诊断分析

（1）油中溶解气体分析。故障前后两次油中溶解气体分析结果显示，故障后氢气、乙烯和乙炔含量发生突变，表明变压器内部发生电弧放电。而有载分接开关轻重瓦斯无发信，表明故障点处于变压器主油箱内。

（2）高压侧绕组直流电阻分析。根据表 8.28、表 8.29 数据绘图，如图 8.55、图 8.56 所示。

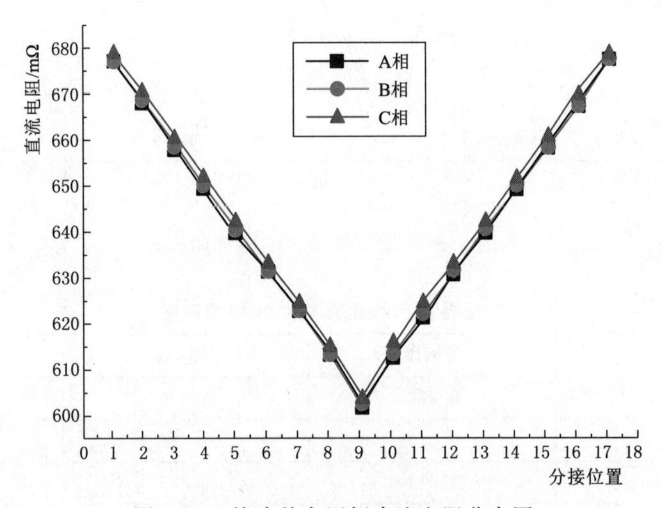

图 8.55　故障前高压侧直流电阻分布图

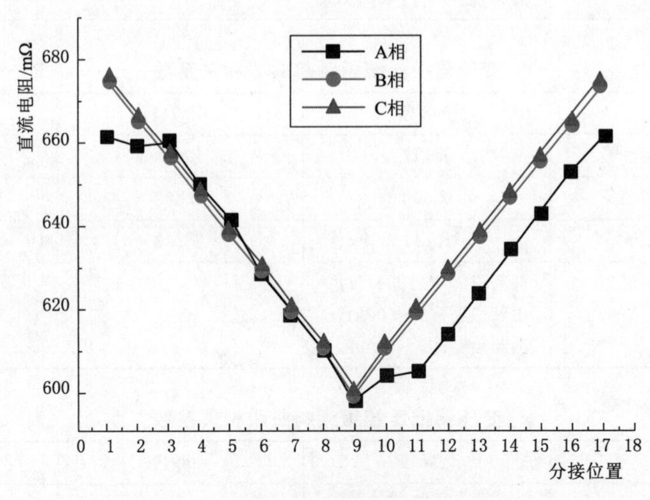

图 8.56　故障后高压侧直流电阻分布图

由图 8.55 可见，故障前，高压绕组三相直流电阻分布呈 V 形分布，表明其载流回路状况良好。故障后，如图 8.56 所示，高压 A 相直流电阻分布呈典型的调压绕组第一分接段与第二分接段短路时的特征，即正调状态下从分接位置 3 开始直阻恢复正常，反调位置从 10 分接开展直流电阻均减小。由此判断，110kV A 相调压绕组发生匝间短路。

(3) 电压比试验分析。在额定分接位置，不接入调压绕组的情况下，电压比减小，误差达到−4.93%。

有载分接开关处于额定分接位置，调压绕组与高压绕组主线圈之间没有电气联系，由于调压绕组存在短路匝，这时开展220kV绕组与110kV绕组间的电压比试验，相当于给变压器开展以高压绕组主线圈为一次绕组，调压绕组短路匝为二次绕组的低电压短路阻抗试验。为简化分析，如图8.57所示，分别用“1”“2”“3”“4”表示高压线圈主绕组、中压绕组、低压绕组与调压绕组，用 X_{K12} 表示高压线圈主绕组与中压绕组之间的短路阻抗。

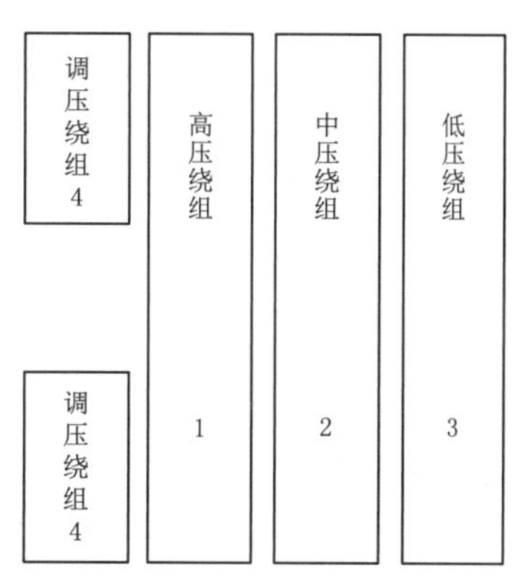

图8.57 绕组分布示意图

在表8.32中，故障后低电压短路阻抗测试结果表明 L_{K12}A相为58.74mH，B相为95.85mH，C相为96.10mH。故障前A相 L_{K12} 可取B相与C相平均值95.975mH。

如前所述，故障后A相58.74mH的漏电感为 L_{K12} 与 L_{K14} 并联值，经简单计算，可得 L_{K14} 为151.4mH，则 X_{K14} 为

$$X_{K14}=9.95\%\times\frac{151.4}{95.975}=15.7\%$$

同理，经计算可得 $X_{K24}\%$ 为31.5%。

可用式(1-59)估算电压调整率，即

$$\varepsilon_{12}=\varepsilon_{r12}\cos\theta_2+\varepsilon'_{r123}\cos\theta_3+\varepsilon_{x12}\sin\theta_2+\varepsilon'_{x123}\sin\theta_3+\frac{1}{200}(\varepsilon_{x12}\cos\theta_2+\varepsilon'_{x123}\cos\theta_3-\varepsilon_{r12}\sin\theta_2-\varepsilon'_{r123}\sin\theta_3)^2$$

在忽略电阻分量和二次方项之后，可表示为

$$\varepsilon_{12}=\varepsilon_{x12}\sin\theta_2+\varepsilon'_{x123}\sin\theta_3$$

由于绕组2为开路状态，因此电压调整率进一步简化为

$$\varepsilon_{12}=\varepsilon'_{x123}\sin\theta_3$$

$$\varepsilon_{123}=\frac{\varepsilon_{12}+\varepsilon_{13}-\varepsilon_{23}}{2}=\frac{0.0995+0.157-0.315}{2}=-0.029$$

可见，电压调整率为负值，这就定性的解释了为什么在额定分接位置变比误差为负值，也是A相调压绕组存在匝间短路故障的第二判据。

(4) 绕组频响特性曲线分析。由图8.52可见，在低频段高压A相频响曲线上移36dB，低频段频响曲线相应峰谷差减小，低频段与A相绕组的相关系数均较低；由图8.53可见，在低频段高压A相频响曲线上移30dB，低频段频响曲线相应峰谷差减小，低频段与A相绕组的相关系数均较低；由图8.54可见，在低频段高压A相频响曲线上移30dB，低频段频响曲线相应峰谷差减小，低频段与A相绕组的相关系数均较低；由图8.54可见，由于变压器为星角11点接线，ac相为a相，ac相频响曲线在低频段上移30dB，低频段频响曲线相应峰谷差减小。三侧绕组的频响特性曲线均反映出A相调压绕

组匝间短路。

综合分析，判断变压器A相调压绕组匝间短路。变压器返厂检修。

4. 检修情况

(1) A相极性选择开关K+静触头电弧灼伤严重，如图8.58所示。

(2) A相极性选择开关切换调板中间位置存在3个电弧灼伤点，如图8.59所示。

图8.58　极性选择开关触头烧损

图8.59　切换调板中间位置电弧灼伤

(3) 调压绕组引出线匝间短路损坏，如图8.60所示；绕组围屏损坏，如图8.61所示。

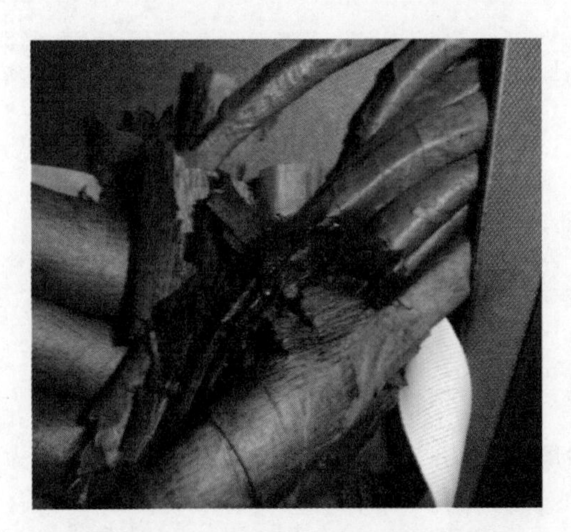

图8.60　调压绕组引出线匝间短路损坏

图8.61　绕组围屏破损

(4) 故障发生的原因分析。极性选择开关在由正极性切换至负极性过程中，由于此分接开关耐受偏移电压的水平低，且未配置电位束缚电阻，切换开关动触头对换调板中间位置放电，引起了调压绕组短路，导致调压绕组变形损坏。

原因是在极性选择器动作时，调压绕组将瞬间与主绕组脱开，并取得一个电位，其大小决定于主绕组的电压和调压绕组与主绕组之间以及调压绕组对地部分之间的耦合电容。

调压绕组两端的电位与开断前电位之差称为偏移电压，即调压绕组对地的最大电压。偏移电位产生的原理示意如图 8.62 所示。

此变压器配置 VCVⅢ - 500Y/72.5 - 10193W 型分接开关，制造厂出厂技术手册显示，其承受偏移电压的能力为 15kV。

偏移电压计算式为

$$U_{r+}=\frac{C_1}{C_1+C_2}\times\frac{U_{HV}}{2\sqrt{3}}+\frac{U_{TV}}{2\sqrt{3}}$$

$$U_{r-}=\frac{C_1}{C_1+C_2}\times\frac{U_{HV}}{2\sqrt{3}}+\frac{U_{TV}}{2\sqrt{3}}$$

变压器电容进行测试表明 A 相 C_1 为 2.81nF，C_2 为 2.15nF。

经简单计算可得：U_{r+} = 21.1kV；U_{r-} = 15.0kV。可见，在极性选择开关切换过程中，主绕组末端对调压绕组首端的偏移电压已达到 21.1kV，超出其 15kV 的最大耐受能力，导致极性选择开关动触头对静触头放电。

为防止类似故障重复发生，将此变压器 VCVⅢ型有载分接开关更换为耐受偏移电压能力为 35kV 的 VCMⅢ型。

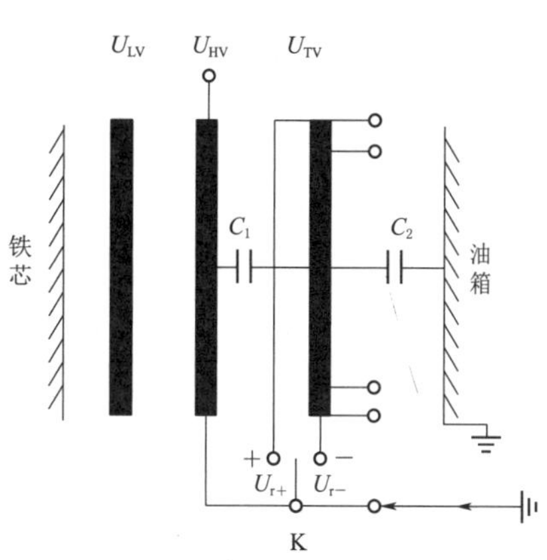

图 8.62 调压绕组悬浮电位产生示意图
U_{HV}—主绕组相电压；U_{TV}—调压绕组相电压；U_{LV}—低压绕组相电压；C_1—主绕组和调压绕组之间耦合电容；C_2—调压绕组对油箱之间耦合电容；U_{r+}主绕组末端对调压绕组首端的偏移电压；U_{r-}—主绕组末端对调压绕组末端的偏移电压

5. 状态诊断过程感悟

(1) 三个独立试验均指向 A 相调压绕组匝间短路，大大增大了正确判断的概率。

(2) 绕组发生匝间短路，其整体电感将会明显下降。对应到频谱图，频响曲线在低频段将会向衰减减小的方向移动，即曲线上移 20dB 以上；同时由于 Q 值下降，频谱曲线上谐振峰谷间的差异将减少；而中频和高频段的频谱曲线与正常线圈的图谱差异不大。

(3) VCVⅢ型有载分接开关，在正常绝缘结构设计的 110kV 电力变压器 110kV 中性点使用，必须加装电位束缚电阻。

8.6 综合故障诊断案例分析

8.6.1 综合故障概述

变压器综合故障可能同时涉及变压器导电回路、导磁回路、散热回路、电应力（绝缘）回路等的异常，涉及的关联电气试验量可达数十个，对诊断人员技术要求较高。对于综合性故障仅凭对单一的试验项目如油中溶解气体色谱分析试验、直流电阻试验、绕组频率响应特性试验、低电压短路阻抗试验、空载损耗试验、电压比试验等进行分析，往往不能做出正确判断，需对现场能收集到的试验数据进行综合分析，才可达到准确判断绕组状况的目的。同时，各试验项目均存在局限性，有自己的适用范围，现简要分析如下。

1. 油中溶解气体色谱分析试验

油中溶解气体色谱分析是判断变压器是否发生内部放电的最直接有效的方法，但需要注意试验方法。《电力变压器运行规程》（DL/T 572—2010）要求："装有潜油泵的变压器跳闸后，应立即停油泵"。因此，电力变压器遭受短路冲击后，故障特征气体仅能在油中自然扩散，若取样部位距故障部位较远的话，一般需 24h 以上，所取样油才能真实反应故障特征。

例如，某 110kV 变压器故障跳闸后，试验人员第一时间取油样进行油中溶解气体色谱分析，未检出乙炔，当时判断变压器内部未发生放电。次日再次取油样复核，发现乙炔达到 60μL/L，确认变压器内部放电。可见，静置时间的长短直接影响试验结果。

2. 直流电阻测试

直流电阻试验是常规预防性试验中缺陷检出率较高的试验项目之一，对于低压绕组匝间短路、引线接触不良、有载分接开关触头接触不良等故障有效。下面以典型电压组合为 220±8×1.25%/38.5/10.5kV 电力变压器为例进行说明。此变压器 35kV 绕组通常在 100 匝左右，若相邻两匝线饼短路，其相间直流电阻变化率为（100－99)/100＝1%，虽未达到相关规程规范相间互差警示值 2%的要求，但目前数字式直流电阻测试仪都可以达到 0.2%的精度，通过细致的相间比较，可以发现此类故障。若短路线匝更多的话，则更容易检出。然而，高压主绕组匝数通常为 550 匝左右，若相邻两匝短路，相间直流电阻变化率仅有 0.18%，目前的直流电阻测试无法反应此类故障。可见，直流电阻测试无法检出 2 匝之内的高压绕组匝间故障。

例如，某 220kV 主变压器故障跳闸后，110kV 侧直流电阻测试结果如下：A 相为 110.7mΩ，B 相为 110.1mΩ，C 相为 109.3 mΩ，相间互差为 1.28%，未超出 2%限值要求，但返厂解体发现 110kV C 相绕组两匝线圈短路。

3. 电压比测试

现场试验中，电压比试验对检测磁路故障非常敏感。但需要注意测试方法，对于 YNyn0d11 接线的变压器，若星形接线一相绕组存在的匝间短路故障，在进行高压与中压绕组间电压比试验时，若按照相间测量的方式，则无法检测出磁路异常，必须以单相测试的方法进行测试。

例如，某 220kV 三绕组变压器，中压 A 相匝间短路后，进行相间电压测试，显示变比误差无异常；以单相的方法测试，则灵敏的反映出磁路异常。

4. 低电压短路阻抗测试

低电压短路阻抗测试是判断判断绕组有无机械位移的可靠方法，现场试验接线简便、测试结果简单直观。现场测试结果往往需要与变压器铭牌参数进行比较，需要注意的是变压器铭牌参数存在误标的可能，极易导致误判。另外，对于全站停电的试验情形，往往以发电机作为试验电源，电压频率往往偏离 50Hz，从而导致阻抗测试值偏离正常值，需要以漏电感为判断标准。还有，阻抗电压对于轴向变形不敏感，由电抗电压计算公式可知，其分母中电抗高度 H_K 为一对绕组的平均值，当仅有一个绕组发生轴向变形时，短路电抗变化量仅为两个绕组均发生同样轴向变形时的 1/2，即若仅一个绕组发生轴向变形，阻抗电抗变化率检出缺陷的灵敏度减小了 1 倍，当一对绕组中一个拉伸、一个压缩时，其变化规律更复杂，需特别注意。

例如，某供电单位在春检试验期间，多座偏远地区的110V变电站变压器低电压阻抗电压超注意值要求，而其余电气试验均未检测到异常。经分析发现，原因为变电站全站停电开展春检试验，现场发电机的输出的电压频率为48Hz，导致阻抗测试普遍出现4%的负偏差。

再如，某220kV变压器，低电压短路阻抗试验相间互差以及与铭牌参数的偏差均小于1.0%，判断此变压器绕组机械状态良好，未发生显著变形。现场吊罩检查发现110kV、10kV B相绕组公用上压板部分压钉碗破碎，上压板整体倾斜、变形严重，局部凸起高度达到6cm左右，引线附近上压板部分撕裂；110kV、10kV C相绕组公用上压板也存在变形倾斜现象，凸起高度达到4cm左右；110kV、10kV A相绕组公用压板也存在可见倾斜。

5. 绕组频响特性试验

绕组频率响应特性试验对三相均有大面积变形的故障检出性差，在分析判断时需与交接或上次试验数据进行纵向比较，才有可能得出正确的结论。

例如，某变电站2号主变压器，在低压侧遭受短路冲击跳闸后，绕组频率响应特性试验三相比较相关度很高，但返厂解体发现三相均严重变形，需在试验中注意。

6. 介质损耗角正切值测量

绕组绝缘的tanδ主要是由极化损耗决定，对反映绝缘的含水量有一定作用。实践经验表明，测量tanδ是判断31.5MV·A以下变压器绝缘状态的一种较有效的手段，但其有效性随着变压器电压等级的提高、容量和体积的增大而下降。近几年来，随着变压器容量的增大，测量tanδ检出局部缺陷的概率逐渐减小，原因在于一是在受潮体积不大的情况下，该部位水分子极化引起的介质损耗增量相对主绝缘总的介质损耗很微小，不易识别；二是由于试验时绕组是短路的，若为纵绝缘受潮，其无能为力。

例如，某240MV·A变压器，漏进了约500kg的水，tanδ仍然是合格的，但一投运绕组便烧毁了。由此可见，除非主绝缘整体严重受潮，tanδ测试有效，对于局部受潮tanδ不敏感，实际工作中需特别注意。

对于电容型设备，如电容型套管、电容式电压互感器、耦合电容器等，测量tanδ仍然是故障诊断的有效手段。

8.6.2 综合故障案例分析

【案例1】

1. 设备主要参数

(1) 型号：SFSZ9－40000/110。

(2) 额定电压(kV)：110±8×1.25%/38.5/10.5。

(3) 额定容量(kV·A)：40000/40000/40000。

(4) 联结组别：YNyn0d11。

(5) 阻抗电压：高压-中压为10.44%；高压-低压为17.05%；中压-低压为6.55%。

2. 设备运维状况

变压器2002年9月投运，接带煤矿负荷，曾遭受数次短路故障。2016变压器35kV

出现近区故障，连续跟踪分析变压器油中溶解气体发现异常，数据见表 8.36。遂停电检查，发现中压绕组 B 相直流电阻增大，不平衡率达到 11%，数据见表 8.37。主绝缘电容量测试结果与上次有较大偏差，数据见表 8.38。低电压短路阻抗测试结果也与铭牌值有较大偏差，数据见表 8.39。

表 8.36　油中溶解气体分析结果　单位：μL/L

取样日期/(年-月-日)	氢气	一氧化碳	二氧化碳	甲烷	乙烷	乙烯	乙炔	总烃
2016-1-19	130.4	726.0	2219.0	45.7	7.8	36.8	43.3	133.6
2016-1-21	195.4	723.6	2374.9	69.7	8.5	49	64.4	191.7
2016-1-22	258.8	917.6	2253.2	78.9	7.6	49.3	70.6	206.5

表 8.37　中压侧直流电阻（油温 5℃）　单位：mΩ

分接位置	AO	BO	CO	分接位置	AO	BO	CO
1	57.76	65.18	58.57	4	55.87	62.59	56.51
2	55.84	62.19	56.19	5	57.79	64.58	58.41
3	53.36	59.54	53.3				

表 8.38　变压器主绝缘电容量试验数据　单位：nF

测　试　部　位	高压-中压、低压及地	中压-高压、低压及地	低压-高压、中压及地
C（2014-6-10）	16.46	25.69	20.16
C（2016-2-2）	16.18	27.76	22.06

表 8.39　变压器低电压短路电抗试验数据

测试部位	高压-中压			高压-低压			中压-低压		
相别	A	B	C	A	B	C	A	B	C
铭牌值/%	12.65	12.65	12.65	21.81	21.81	21.81	6.55	6.55	6.55
最近测试值/%	12.61	12.70	12.83	22.17	21.94	22.01	5.97	5.95	6.17

3. 诊断分析

（1）变压器中压侧绕组直流电阻测量显示 B 相直阻在 5 个挡位均偏大，且不平衡率基本一致，且多次试验没有明显变化，可以排除无励磁分接开关动静触头接触不良的可能，怀疑绕组断股。

（2）变压器油中溶解气体色谱分析结果显示，从 2016 年 1 月 19 日取样发现乙炔超标至 1 月 21 日连续取样显示乙炔含量明显增大，一氧化碳含量显著增大，确定器身内部放电且涉及固体绝缘。

（3）对比 2014 年 6 月份例行试验数据，中压侧绕组电容量增加了 7.4%，符合 35kV 绕组发生辐向变形的电容量变化特征。

（4）低电压短路阻抗试验显示中压与低压绕组对间 B 相短路阻抗变化率达到－9.1%，A 相短路电抗变化率达到－8.8%，符合 35kV 绕组发生辐向变形的短路阻抗变化特征。

（5）综合分析，变压器 35kV B 相、A 相绕组发生显著辐向变形，同时，35kV B 相绕组导线放电断股。

4. 检修情况

返厂检修发现35kV B相、A相绕组显著变形，A相更为严重，C相也有可见变形，35kV B相绕组多根导线因放电烧蚀伤，如图8.63～图8.65所示。

图8.63　中压绕组多根导线烧损

图8.64　B相中压绕组显著变形

5. 状态诊断过程感悟

（1）因变压器差动、轻重瓦斯保护均未启动，变压器维持正常运行状态，分析乙炔为器身内部瞬时放电导致，且绝缘已恢复，具备长期稳定运行的条件。后因油中溶解气体色谱分析乙炔和一氧化碳含量持续增大，遂停电检查，又因中压B相直流电阻偏大，现场排查的重点为B相绕组与套管的连接，耽误了宝贵的现场抢修时间。

（2）从35V B相绕组导线烧损情况分析，短路故障持续时间较长，导线烧损是一个持续的过程。

（3）从解体情况分析，35kV B相导线并未断股，而是多股并联导线烧损，导致截面缩小，引起直流电阻偏大。

图8.65　A相中压绕组严重变形

（4）在特定的情形下，差动保护对中压绕组匝间轻微故障的灵敏度不足。

【案例2】

1. 设备主要参数

（1）型号：SFPZ9－180000/220。

（2）额定电压（kV）：220±8×1.25%/121/10。

（3）额定容量（kV·A）：180000/180000/54000。

（4）联结组别：YNyn0＋d11。

（5）阻抗电压：高压-低压为12.93%。

（6）空载电流：0.17%。

2. 设备运维状况

变压器2007年3月投运，110kV接带重要工业负荷，运行稳定。2010年5月，220kV A相套管主绝缘击穿，由于110kV侧有电源输入，变压器220kV绕组流过约830A的故障电流，持续时间51ms。经全面诊断，变压器绕组无异常，修复套管内部受损纸包软铜线。更换套管后，变压器恢复正常运行。2019年5月，110kV线路发生两相短路接地故障，70ms后110kV断路器跳匝，故障切除，132ms后变压器本体差动保护动作，180ms后变压器三侧断路器跳闸。

故障前后变压器油中溶解气体色谱分析结果见表8.40、表8.41。

表8.40　故障前油中溶解气体分析结果　单位：μL/L

取样日期/(年-月-日)	氢气	一氧化碳	二氧化碳	甲烷	乙烷	乙烯	乙炔	总烃
2019-3-4	9.3	77.2	697	29.3	4.1	7.4	2.2	43

表8.41　故障后油中溶解气体分析结果　单位：μL/L

取样日期/(年-月-日)	氢气	一氧化碳	二氧化碳	甲烷	乙烷	乙烯	乙炔	总烃
2019-5-25	253	220	930	90.6	8.5	65	87.3	251.4

故障后高压侧直流电阻、低压侧直流电阻以及故障前后稳定绕组直流电阻试验结果见表8.42～表8.44。

表8.42　故障后高压侧直流电阻（折算至20℃）　单位：mΩ

分接位置	AO	BO	CO
1	415.8	417.0	416.9
9	370.3	372.4	370.6
17	417.3	417.4	416.3

表8.43　故障后低压侧直流电阻（折算至20℃）　单位：mΩ

相别	AO	BO	CO
数值	79.891	79.489	79.984

表8.44　故障前后稳定绕组直流电阻（折算至20℃）　单位：mΩ

试验日期/(年-月)	ab	bc	ca
2019-5	5.050	5.060	5.055
2017-9	5.164	5.172	5.181

故障后绕组电压比试验数据见表8.45。

表8.45　变压器高压-中压电压比试验误差　%

分接位置	AB/A_mB_m	BC/B_mC_m	AC/A_mC_m
1	0.07	0.01	0.07
9	0.21	0.13	0.21
17	0.37	0.28	0.37

故障后变压器低电压短路阻抗试验数据见表8.46。

表8.46 变压器低电压短路电抗试验数据

参　数	高压-中压		
相别	A	B	C
铭牌值/%	12.93	12.93	12.93
最近测试值/%	13.26	13.36	13.32

故障后变压器低电压空载试验数据见表8.47。

表8.47 变压器低电压空载试验数据

励磁端子	短路端子	施加电压/V	回路电流/A
ab	bc	2.5	1.640
bc	ac	150	0.615
ac	ab	2.5	1.800

3. 诊断分析

（1）故障后变压器油中溶解气体色谱分析结果呈典型的高能电弧放电特征，结合变压器差动保护动作，可以确定器身内部发生电弧放电。

（2）对于10kV绕组直流电阻，发现各端子间电阻大小顺序发生了改变。利用Yd11接线线电阻换算相电阻公式：

$$R_A=(R_{AC}-R_P)-\frac{R_{AB}R_{BC}}{(R_{AC}-R_P)}$$

$$R_B=(R_{BA}-R_P)-\frac{R_{BC}R_{CA}}{(R_{BA}-R_P)}$$

$$R_C=(R_{CB}-R_P)-\frac{R_{CA}R_{AB}}{(R_{CB}-R_P)}$$

$$R_P=\frac{R_{AB}+R_{BC}+R_{CA}}{2}$$

经简单计算可得如表8.48所示的相电阻。

表8.48 稳定绕组直流电阻（折算至20℃） 单位：mΩ

试验日期/（年-月）	a	b	c
2019-5	7.582	7.568	7.598
2017-9	7.785	7.734	7.757

由表8.47可见，故障后稳定绕组a相直流 $R_a<R_c$，故障前稳定绕组a相直流电阻 $R_a>R_c$。

（3）低电压短路阻抗试验显示与铭牌值相比，三相阻抗电压偏差分别为2.5%、3.3%和3.0%，均超出相关规程标准限值，但相间互差仅为0.75%，鉴于变压器绕组同时发生三相变形的概率非常之小，因此怀疑铭牌阻抗电压有误，判断220kV绕组与110kV绕组未发生显著变形。

（4）低电压空载试验结果显示，与A相铁芯柱有关的试验，励磁电流显著增大，在将A相铁芯柱磁路短路的情况下，空载电流显著减小，判断A相铁芯柱磁路异常。

（5）综合分析，变压器10kV A相绕组存在匝间短路的可能性非常大，同时不排除110kV A相绕组发生匝间短路的可能。

4. 检修情况

返厂检修发现10kV A相绕组底部匝间短路，端部轴向变形，导线绝缘损坏露铜，但未发生放电，如图8.66、图8.67所示。其余绕组未发现显著变形放电现象。

图8.66　10kV A相绕组底部匝间短路

图8.67　10kV A相端部轴向变形

5. 状态诊断过程感悟

（1）变压器110kV线路发生两相短路接地故障时，因本变压器220kV中性点、110kV中性点接地运行，而站内与其并列运行的另一台变压器中性点不接地运行，故零序电流流过本变压器。110kV侧零序电流在220kV绕组与110kV绕组间分配，导致10kV绕组局部变形损坏。

由于此变压器10kV设计为稳定绕组，铭牌未标识相关阻抗电压，参照相同类型的三绕组电力变压器阻抗电压参数：高压-中压为13.78%，高压-低压为25.40%，中压-低压为8.85%。经简单计算，可得变压器星形等值电路图中折算至高压侧的阻抗电压为15.165%，折算至中压侧的阻抗电压为−1.385%，折算至低压侧的阻抗电压为10.235%。110kV侧的故障电流标幺值为$\dfrac{6900}{\dfrac{180000}{1.732\times110}}=7.303$，零序电流标幺值为2.434。

零序电流在高压绕组与稳定绕组之间按电抗倒数进行分配，则流经稳定绕组的电流标幺值为$2.434\times\dfrac{15.165}{15.165+10.235}=1.453$，实际流经稳定绕组的线电流有名值为$1.453\times\dfrac{180000}{1.732\times10.5}=9.879$（kA），为其额定线电流的3.32倍。

(2) 从保障变压器安全运行的角度考虑，对于变电站内多台变压器并列运行的情形，有必要对中性点接地的变压器进行定期轮换，避免线路故障产生的零序电流持续作用于某一台或几台变压器而导致其遭受累计短路冲击变形损坏。

【案例 3】

1. 设备主要参数

(1) 型号：OSFPZ9－120000/220。

(2) 额定电压 (kV)：220±8×1.25%/121/11。

(3) 额定容量 (kV·A)：120000/120000/60000。

(4) 联结组别：YNa0d11。

(5) 阻抗电压：高压-中压为 9.00%；高压-低压为 30.30%；中压-低压为 20.78%。

(6) 负载损耗：高压-中压为 277.923kW。

2. 设备运维状况

变压器于 1999 年 9 月投运，运行状况良好。2010 年 5 月，变压器高压套管遭受雷击起火，导致高压 A 相 B 相套管引线端子相间短路，主变差动保护动作，跳主变高压、中压、低压侧断路器。变压器断电后，由于高压套管爆裂，泄漏的绝缘油继续燃烧，主变油温升高膨胀，变压器有载分接开关轻瓦斯继电器、重瓦斯继电器、本体重瓦斯继电器、压力释放阀相继动作。故障前后变压器油中溶解气体色谱分析结果见表 8.49、表 8.50。

表 8.49　　故障前油中溶解气体分析结果　　单位：μL/L

取样日期/(年-月-日)	氢气	一氧化碳	二氧化碳	甲烷	乙烷	乙烯	乙炔	总烃
2010－5－6	6.0	77.2	697	7.0	3.3	6.9	0.0	17.2

表 8.50　　故障后油中溶解气体分析结果　　单位：μL/L

取样日期/(年-月-日)	氢气	一氧化碳	二氧化碳	甲烷	乙烷	乙烯	乙炔	总烃
2010－5－29	50	411	2590	102.2	157.1	240.0	0.0	499.2

高压套管导电杆脱落，灭火过程中大量消防水沿烧损的高压中性点套管端部进入器身，由于绝缘油大量泄漏，造成 A 相绕组上压板浸水，A 相高压引线浸水，油箱底部积水，如图 8.68、图 8.69 所示。故障后绝缘油含水量及耐压测试结果见表 8.50。

图 8.68　A 相高压绕组上压板上的水迹

图 8.69　油箱底部残油中水迹

故障前后变压器油中溶解气体色谱分析结果见表8.48、表8.49。

绝缘油电气试验结果见表8.51。

表8.51　　绝缘油电气试验结果

测试项目＼取样部位	油箱中部	箱底残油
含水量/(mg/L)	13.5	36.8
击穿电压（kV/2.5mm）	55.9	11.2

故障后变压器高中绕组绝缘电阻试验结果为12MΩ，油温估计为60℃左右。

3. 诊断分析

参照相关规程规范要求，220kV电力变压器运行中要求绝缘油水分不大于25mg/L，击穿电压不小于35kV，可见箱底残油超出规程限值；而油箱中部的油符合要求。

为了确定直接遭受消防水喷淋的绝缘材料水分侵入程度，用萃取法对A相引线表层绝缘纸进行了含水量测试，结果为4%，超出相关规程规范3%的限值要求。由于遭受消防水喷淋的时间较短，分析A相绕组与A相高压引线表面受潮，决定现场对变压器进行干燥处理。

4. 现场检修情况

（1）干燥方案确定。现场电力变压器常用的干燥方法有真空热油雾化喷淋干燥、油箱涡流发热干燥、绕组零序电流发热干燥与绕组短路干燥等。真空热油雾化喷淋干燥现场实施复杂，油箱涡流发热干燥存在绝缘材料温度不易升高的缺点，而零序阻抗干燥法由于铁芯内部温度不易控制，金属结构件易产生局部过热。绕组短路损耗的热量主要来源于绕组的铜损，不存在铁芯局部过热的风险，同时现场实施相对容易，但需要现场电源电压与通过计算的短路电压接近，因此实际应用也受到限制。

此变压器为自耦变压器，220kV绕组最高工作电压236.5kV，额定电流315A，110kV绕组额定电压121kV，额定电流573A，高压对中压阻抗电压9%，负载损耗277.923kW，空载损耗52.848kW。现场10kV系统额定电压为10.5kV，若将高压绕组于最高分接位置短接，110kV绕组施加10.5kV电压，电力变压器负载损耗与施加电流平方成正比，空载损耗与施加电压平方成正比的关系，估算实际施加的负载损耗为258.273kW，空载损耗为0.035kW，总损耗为258.305kW，为该变压器额定总损耗的78%。而该变压器配备YF-120冷却器四组，每组额定冷却功率120kW，因此通过控制潜油泵与冷却器风扇运行状态，可以达到将变压器油温控制在80℃的目标。

由于变压器纸-油绝缘的水分存在动态平衡，随着温度升高，绝缘材料中的水分会向油中迁移。由低含水量的纸-油含水量平衡曲线（图8.70）可知，只要纸-油绝缘系统在80℃附近达到平衡状态，理论上，通过真空滤油机将绝缘油水分控制在15mL/L以下（主流滤油机均能达到含水量不大于10μL/L的要求），则可保证绝缘纸含水量小于1.0%。因此确定选用绕组短路与真空滤油机持续滤油的方法对此变压器进行干燥。

（2）现场实施。利用该变压器10kV侧951断路器进行供电，将10kV电源通过引线桥和截面为150mm^{2}临时铜引线连接到变压器110kV侧，220kV侧用截面大于95mm^{2}的

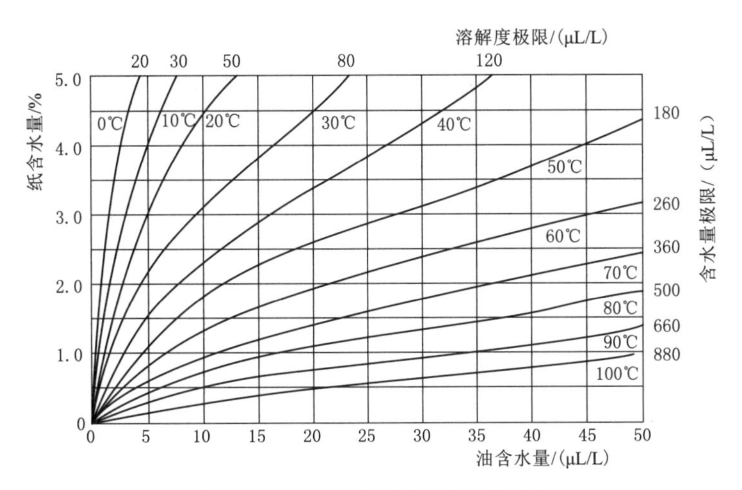

图 8.70　低含水量的纸-油平衡曲线

铜导线三相短路，高、中压绕组中性点按正常运行方式短路接地，如图 8.71 所示。

现场设置两个上层油温临时监控点，当上层油温达到 75℃时告警并跳开 951 开关，当油温升至 80℃时冷却器风扇自动投入，保证上层油温不超过 85℃。同时由于此变压器为强迫油导向循环风冷方式，干燥过程中，变压器两侧（对角）各投入一组潜油泵，避免器身局部过热。

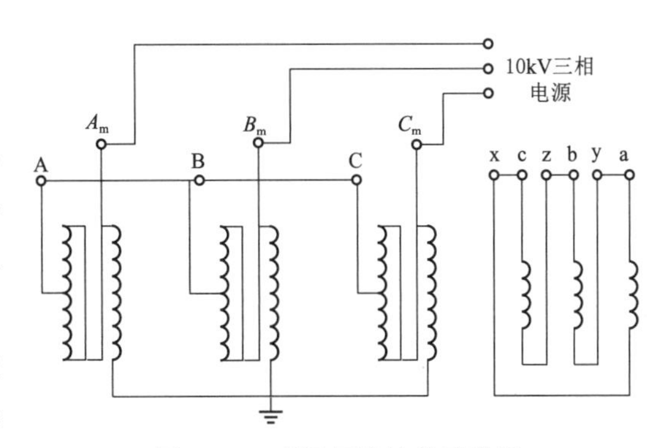

图 8.71　现场短路接线示意图

同时，为了及时掌握变压器干燥状况，每 15min 进行记录 1 次上层油温，每 4h 停电 1 次进行一次绕组绝缘电阻、变压器油耐压、变压器油微水试验。

（3）干燥过程分析。短路开始后，当油温达到 80℃时开始计时。由图 8.72 可见，在短路干燥进行 16h 后，绝缘油中含水量由开始干燥时的 9.1mg/L 上升到 19mg/L，说明经过 16h 的平衡，变压器纸-油绝缘系统水分分布发生了变化。油箱中绝缘油体积约为 53m^3，可以算出有 0.524kg 水由绝缘材料中向绝缘油中扩散。在后续 8h 中，油中含水量迅速下降，与此对应，绕组绝缘电阻得到回升，在此后 32h 干燥过程中，油中含水量与绝缘电阻均趋于稳定，如图 8.73 所示，认为此变压器干燥完毕。

为确认干燥效果，油箱放油后，利用萃取法第二次对 A 相引线表层绝缘纸含水量分析，结果为 2.8%，证明了此干燥达到预期目的。

5. 状态诊断过程感悟

现场绕组短路与真空滤油结合是干燥绝缘轻微受潮的大型电力变压器简便可行的方法。对于中等容量的 120000～180000kV·A 的电力变压器，80℃时其纸-油绝缘的水分平衡时间在 16h 左右，通过现场真空滤油机滤除水分，可以达到干燥变压器绝缘材料的目的。

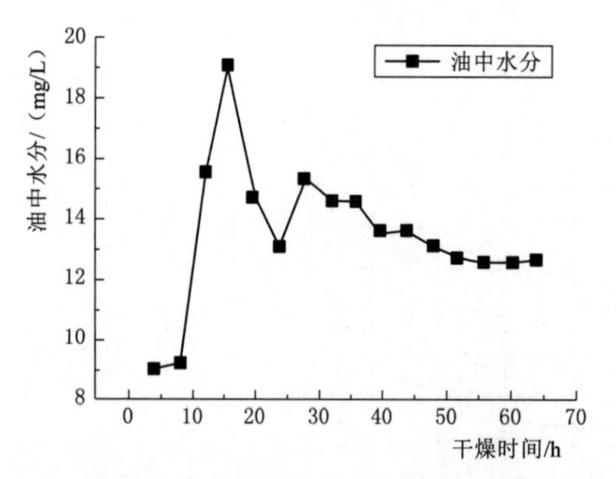

图 8.72　油中水分与干燥时间关系

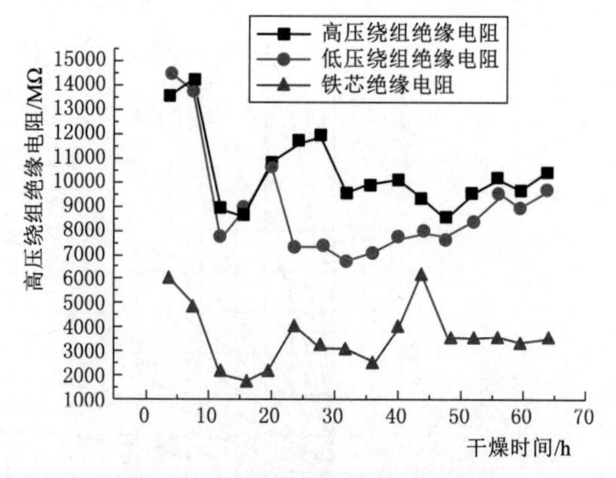

图 8.73　绝缘电阻与干燥时间关系

第9章 变压器状态综合评估案例分析

9.1 基于故障风险的电力变压器群组状态评估

基于变压器的容量、价值、日常负荷率、高峰负荷率、负荷重要度、有无备用等因素，给出参与评估的变压器中的每一台重要度 X 值，X 值与变压器的重要性成正相关。同时，基于变压器的基本参数、运行历史、检修试验等数据，综合对机械、电气、绝缘及附件老化的评判结果，得出该变压器当前的总失效风险（TROF）Y 值，Y 值与变压器的劣化程度成正相关。计算出某台变压器的重要度和总失效风险以白色点（X，Y）的形式显示在“基于ROF重要性”仪表盘上，在仪表盘限定的健康区域被评估为“正常状态”“关注状态”或“异常状态”，从而可以帮助运维人员将关注重点聚焦于少数非正常状态的设备，提升运维工作针对性。

9.1.1 变压器状态评估过程

1. 变压器铭牌参数

主变压器铭牌参数见表9.1。

表9.1　主变压器铭牌参数

型　号	SFPSZ9-120000/220	制造厂	某变压器公司
生产日期	2006年5月	投运日期	2006年9月
出厂序号	06001	联结组别	YNyn0yn0+d11
冷却方式	ODAF	电压组合/kV	220±8×1.25%/121/38.5/10.5
阻抗电压/%	高-中：13.20 高-低：23.37 中-低：8.34	额定电流/A	高压：314.9 中压：572.6 低压：1799.5
空载损耗/kW	97.600	负载损耗/kW	高-中：450.982 高-低：462.523 中-低：354.605

2. 现场勘查及变压器运行历史的回顾

(1) 主变压器2006年投入运行，2008年进行过一次返厂大修。

(2) 该变电站共2台主变压器，其中高压侧和中压侧并列运行，低压侧分列运行，此主变压器高压侧中性点采用直接接地的方式进行。

（3）主变压器中压侧曾经遭受短路冲击 1 次，故障电流 5850A，持续时间 480ms。

（4）目前变压器运行状态正常。

3. 变压器的外观照片

主变压器的外观照片如图 9.1 和图 9.2 所示。

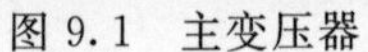

图 9.1　主变压器

图 9.2　主变压器渗油

4. 主变压器诊断性试验情况

（1）主变压器油色谱数据。主变压器油色谱数据见表 9.2。

表 9.2　**主变压器油色谱数据**

取样日期/(年-月-日)	2019-1-3	2019-4-18	2019-7-2	2019-10-9	2020-1-14	2020-4-9	2020-7-28
H_2/(μL/L)	27	23.8	20.7	21.3	17.8	23.4	19.4
CO/(μL/L)	231.5	223	201.5	217.8	165	199.4	190.5
CO_2/(μL/L)	778.4	880	918.1	905.6	845	754.5	1003.6
CH_4/(μL/L)	93.2	95.2	89.2	88.5	82.2	101.4	103.1
C_2H_6/(μL/L)	45.9	50.1	46.2	47.8	47.1	60.9	50.6
C_2H_4/(μL/L)	91.3	98.6	92.2	91.7	87.8	112.6	98.2
C_2H_2/(μL/L)	0	0	0	0	0	0	0
总烃/(μL/L)	230.5	244	227.5	228	217.1	274.9	251.9
上层油温/℃	10	22	33	28	12	18	35
取样部位	下部	下部	下部	下部	下部	下部	下部

最近两次主变压器油色谱试验数据及产气速率计算见表 9.3。

（2）主变压器绕组连同套管电容量试验。主变压器绕组连同套管电容量试验数据见表 9.4。

表 9.3 最近两次油色谱试验数据及产气速率表

气体组分	试验日期/(年-月-日)		产气速率	
	2020-4-9	2020-7-28	绝对产气速率/(mL/d)	相对产气速率/(%/月)
氢气 H_2/(μL/L)	23.4	19.4	−1.64	−4.66%
一氧化碳 CO/(μL/L)	199.4	190.5	−3.64	−1.22%
二氧化碳 CO_2/(μL/L)	754.5	1003.6	101.97	9.00%
甲烷 CH_4/(μL/L)	101.4	103.1	0.70	0.46%
乙烷 C_2H_6/(μL/L)	60.9	50.6	−4.22	−4.61%
乙烯 C_2H_4/(μL/L)	112.6	98.2	−5.89	93.49%
乙炔 C_2H_2/(μL/L)	0	0	0.00	0
总烃/(μL/L)	274.9	251.9	−9.41	−2.28%

表 9.4 绕组连同套管电容量试验数据

数值部位	出厂试验(2006年5月15日)	交接试验(2008年7月18日)	例行试验(2016年9月2日)	诊断试验(2021年3月18日)	电容初值变化率/%
	C_x/nF	C_x/nF	C_x/nF	C_x/nF	
高压-其他	15.590	15.910	16.07	16.09	1.13%
中压-其他	22.730	22.940	23.03	23.06	0.52%
低压-其他	29.130	29.370	29.46	29.71	1.16%
平衡-其他	35.650	35.900	35.96	36.06	0.45%

(3) 主变压器低电压短路阻抗试验。主变压器低电压短路阻抗试验数据见表 9.5。

表 9.5 低电压短路阻抗试验数据

测试位置	Z_k(铭牌)/%	Z_{AX}/%	Z_{BY}/%	Z_{CZ}/%	ΔZ_{AX}/%	ΔZ_{BY}/%	ΔZ_{CZ}/%	相间差/%	初值变化率/%
高-低	23.37	23.014	23.238	22.886	−1.52	−0.56	−2.07	1.54	−1.39
高-中	13.20	12.981	13.213	12.953	−1.66	0.10	−1.87	2.01	−1.14
中-低	8.34	8.3085	8.2745	8.2408	−0.38	−0.79	−1.19	0.82	−0.78

(4) 主变压器绕组频率响应特性试验。主变压器绕组频率响应特性试验相关系数数据见表 9.6~表 9.9,主变压器绕组频率响应特性曲线如图 9.3~图 9.6 所示。

表 9.6 主变压器高压侧绕组频率响应特性试验相关系数

相关系数 R_{xy}	低频率 *RLF*	中频率 *RMF*	高频率 *RHF*
OB1001-OA1001	1.325	1.648	0.654
OC1001-OA1001	2.418	1.791	0.500
OC1001-OB1001	1.241	1.573	1.070

表 9.7　　主变压器中压侧绕组频率响应特性试验相关系数

相关系数 R_{xy}	低频率 RLF	中频率 RMF	高频率 RHF
OB-OA	0.897	1.260	2.478
OC-OA	2.235	1.409	1.979
OC-OB	0.927	0.969	2.100

表 9.8　　主变压器低压侧绕组频率响应特性试验相关系数

相关系数 R_{xy}	低频率 RLF	中频率 RMF	高频率 RHF
OB-OA	0.769	0.016	0.069
OC-OA	1.231	0.146	0.647
OC-OB	1.166	0.338	0.172

表 9.9　　主变压器平衡绕组频率响应特性试验相关系数

相关系数 R_{xy}	低频率 RLF	中频率 RMF	高频率 RHF
BC-AB	0.768	-0.033	0.552
CA-AB	0.805	0.056	0.530
CA-BC	1.312	0.182	1.844

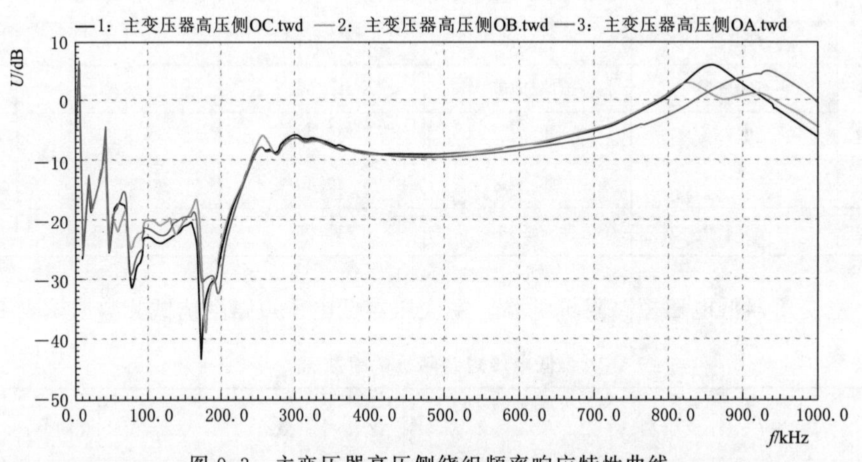

图 9.3　主变压器高压侧绕组频率响应特性曲线

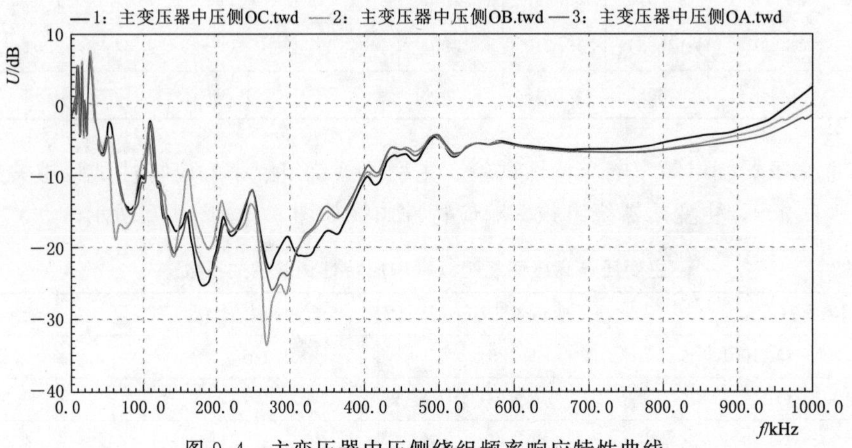

图 9.4　主变压器中压侧绕组频率响应特性曲线

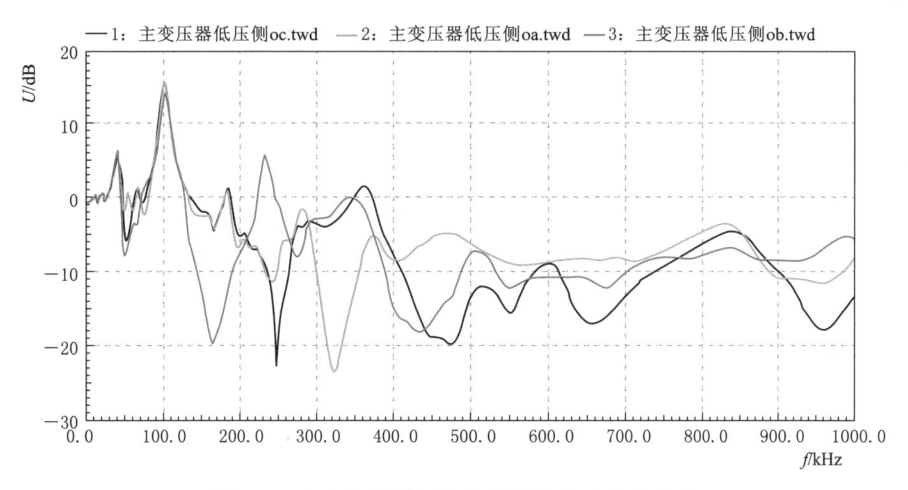

图 9.5　主变压器低压侧绕组频率响应特性曲线

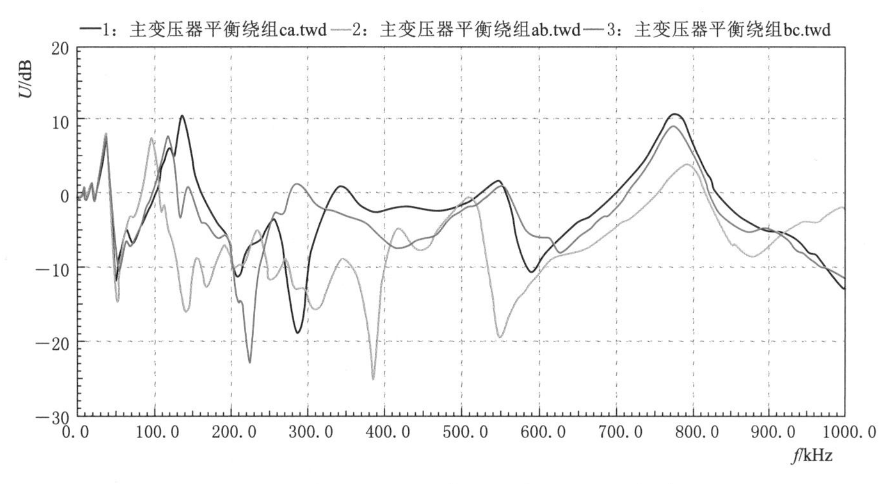

图 9.6　主变压器平衡绕组频率响应特性曲线

9.1.2　主变压器状态诊断评估结果分析

1. 变压器资产健康中心（AHC）分析结果

主变压器资产健康概况如图 9.7、表 9.10 所示。

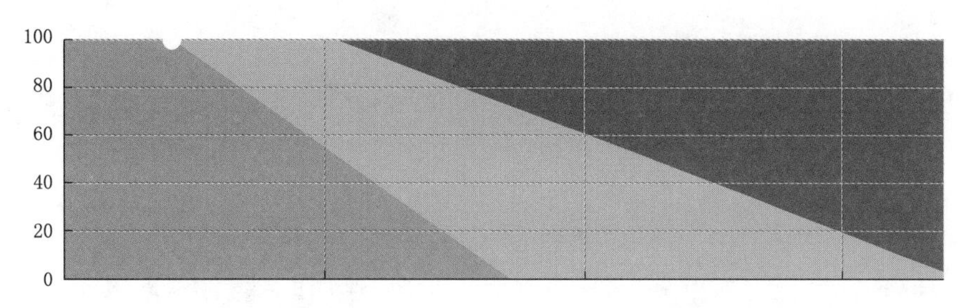

图 9.7　主变压器的“基于 ROF 重要性”仪表盘信息

表 9.10　　主变压器的失效风险表

风险类型	失效风险	风险类型	失效风险
附件	0.32	其他	0
绝缘	0.12	短路	0.01
高温	0.37		

从“基于 ROF 重要性”仪表盘来看，主变压器重要度为 100，总失效风险为 0.82；主变压器的健康分值落点（重要度，总失效风险）落在“基于 ROF 重要性”仪表盘上介于绿色和橙色区域之间，说明主变压器当前的健康状况介于“正常状态”和“关注状态”之间。

从失效风险表来看，主变压器附件、短路、绝缘、过热、其他的分数分别为 0.32、0.01、0.12、0.37、0.0；风险分布情况表明过热风险相对较大。

通过系统评估结果发现存在油中溶解气体/大卫三角形法故障诊断异常的问题。

2. 现场试验数据分析结果

（1）变压器油中溶解气体数据分析。将主变压器 2008—2020 年的油中溶解气体数据作为评估参数，绘制趋势图，图中绿色到红色的色阶代表正常、注意、异常、严重，如图 9.8～图 9.15 所示。

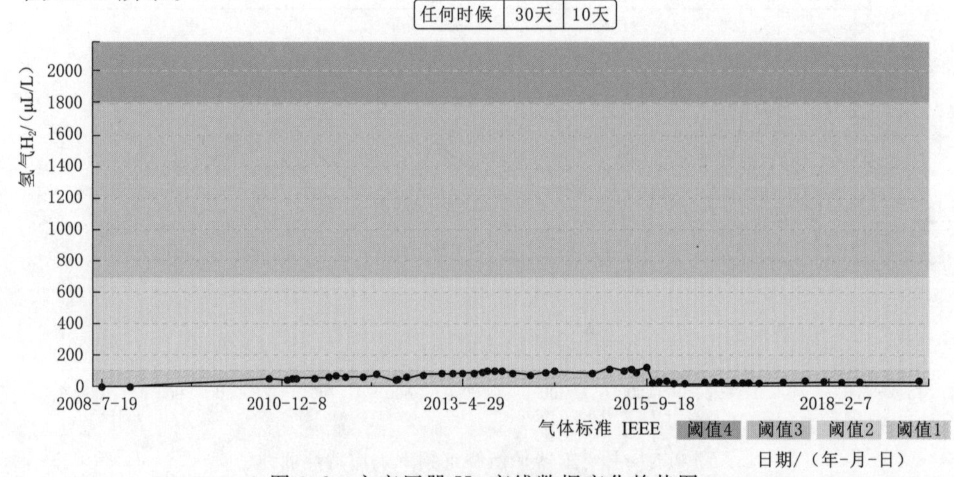

图 9.8　主变压器 H_2 离线数据变化趋势图

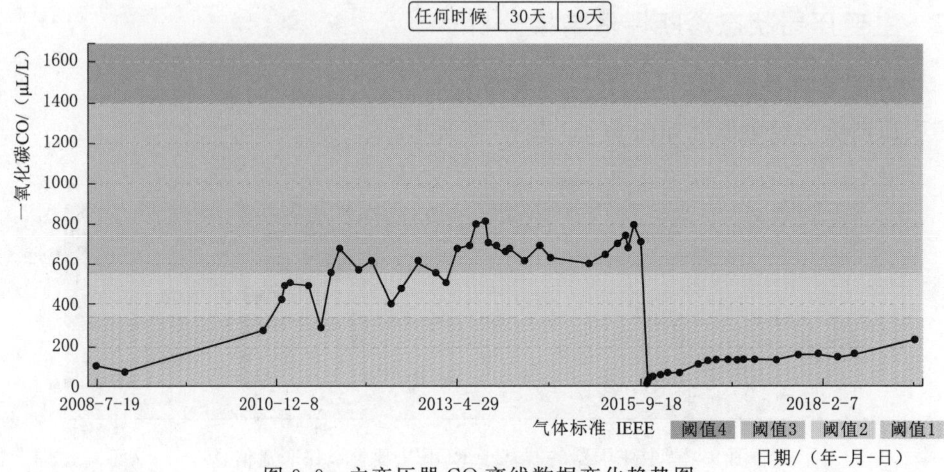

图 9.9　主变压器 CO 离线数据变化趋势图

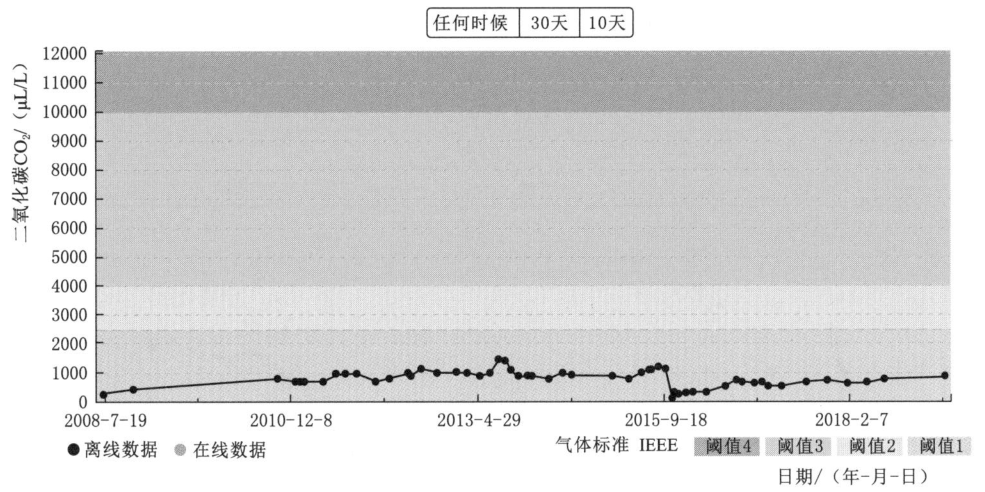

图 9.10 主变压器 CO_2 变化趋势图

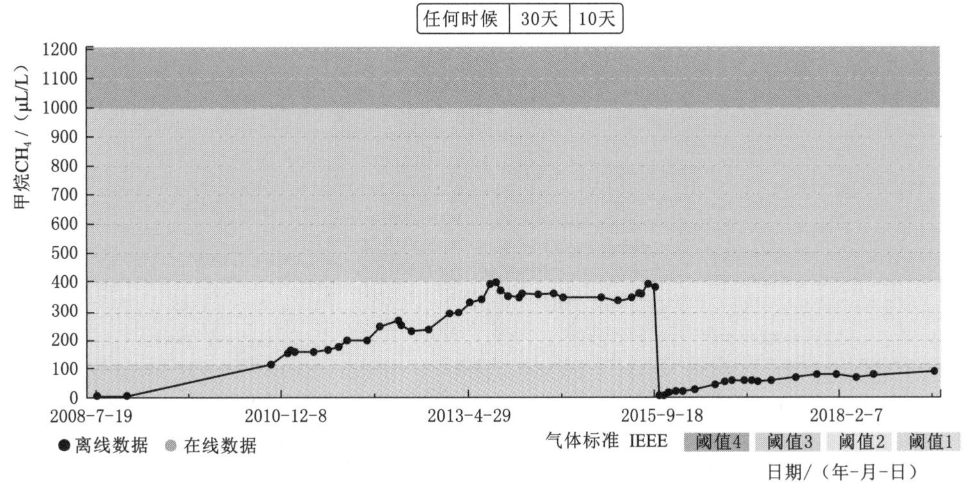

图 9.11 主变压器 CH_4 变化趋势图

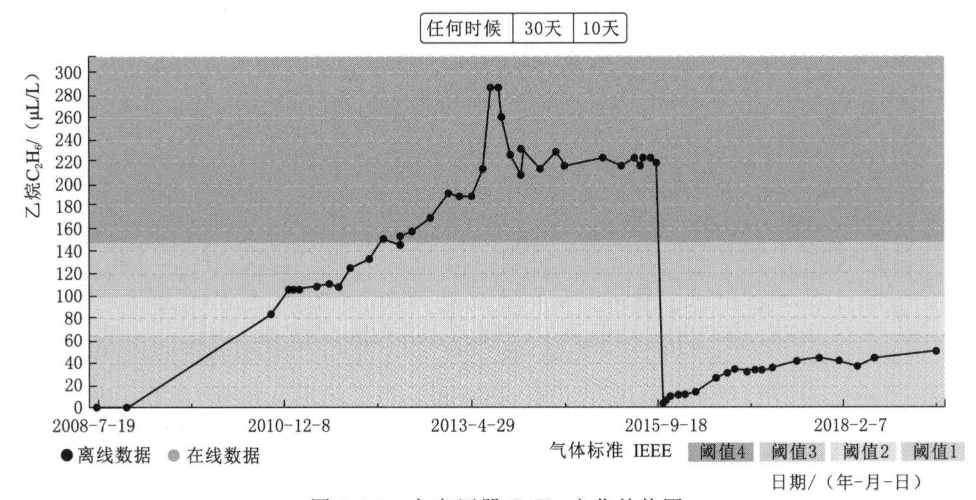

图 9.12 主变压器 C_2H_6 变化趋势图

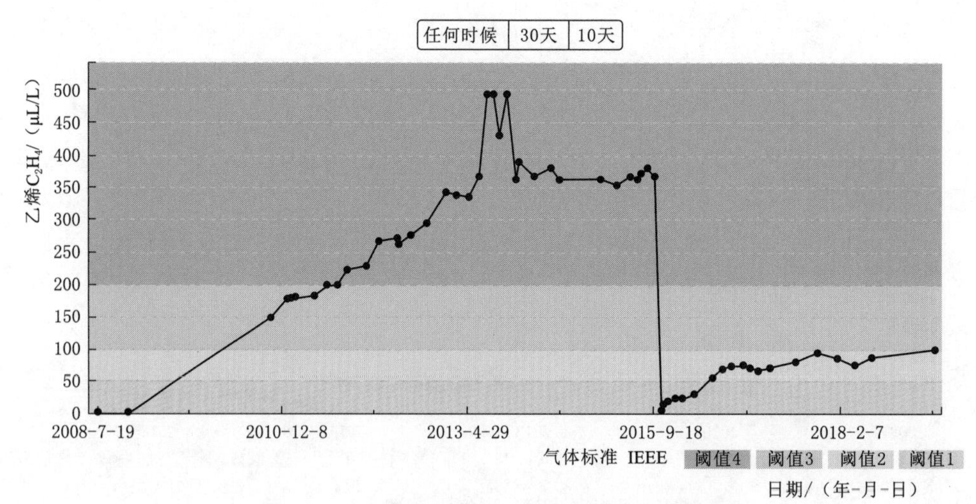

图 9.13　主变压器 C_2H_4 离线数据变化趋势图

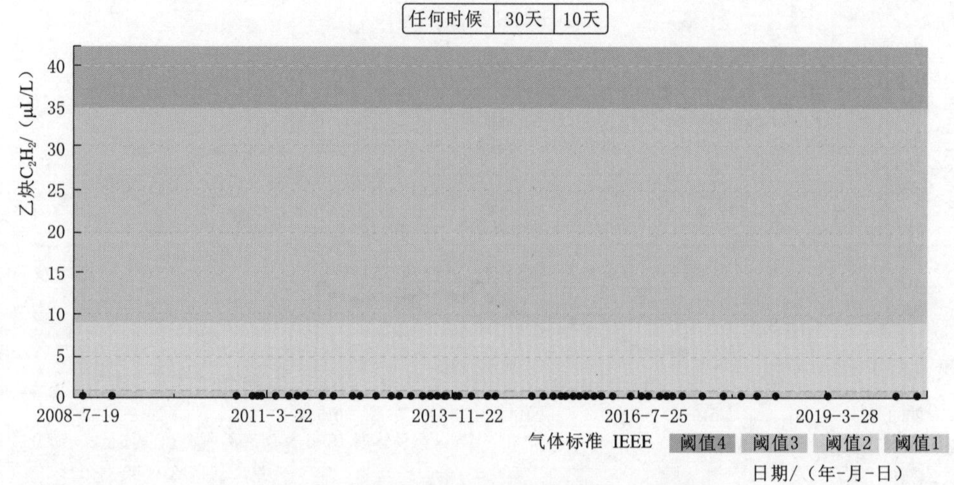

图 9.14　主变压器 C_2H_2 离线数据变化趋势图

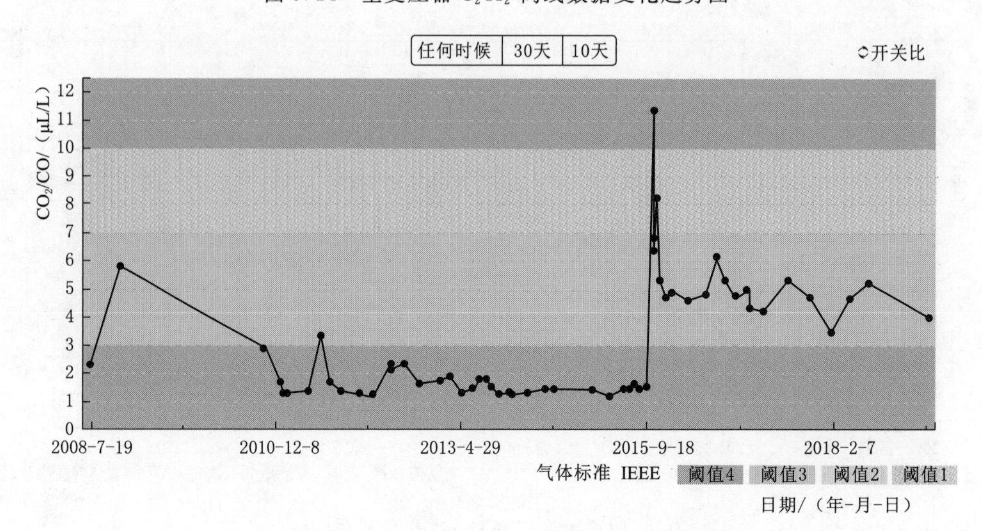

图 9.15　主变压器 CO_2/CO 离线数据变化趋势图

主变压器2020年7月28日（最近一期）的数据的油中溶解气体组分含量总烃均超过150μL/L标准，其余均在合理范围以内。所有数据在2015年10月12日后均急剧下降，由变压器滤油引起，因此2015年以前的数据对分析后期变压器状态无意义，不作参考。自2015年以后，甲烷CH_4、一氧化碳CO、二氧化碳CO_2、乙烯C_2H_4、总烃含量呈缓慢上升趋势，乙炔含量始终为0，总烃含量自2016年8月4日以后均超过注意值150μL/L，可能存在一定的过热风险，应在必要时缩短检测周期，继续观察有中溶解气体组分含量是否继续增长。

(2) 电容-电抗法绕组变形试验结果分析。综合分析主变压器电容量试验和短路阻抗试验数据，高压-其他电容变化率，中压-其他电容变化率，低压-其他电容变化率均小于3%；高压-低压短路阻抗初值变化率略大于2%，高压-低压、高压-中压以及中压-低压短路阻抗相间差均小于2.5%。试验中出现了高压-中压以及高压-低压短路阻抗B相值均大于其他两相的现象，查阅历史试验数据发现，2016年该项试验数据即存在B相值大的情况，可以得到B相短路阻抗值大与2020年发生的变压器短路冲击无关的结论，因此也就无法得到高压绕组B相有变形的结论。参考从出厂以来的所有试验数据结果分析，B相很有可能是出厂时工艺上的误差导致。

(3) 绕组频率响应特性曲线分析。依据规程《电力变压器绕组变形的频率响应分析法》(DL/T 911—2016) 7.1“分析判断原则”规定的相关系数要求，对绕组频率响应曲线进行横向比较，低频段相关系数均应满足$RLF \geqslant 2.0$规程要求，中频段相关系数均应满足$RMF \geqslant 1.0$规程要求，高频段相关系数均应满足$RHF \geqslant 0.6$规程要求；高压侧、中压侧、低压侧和平衡绕组频率响应特性试验相关系数均不符合标准要求。

本次试验各绕组频率响应特性试验相关系数均不满足规程要求，参考出厂试验时的各绕组频率响应特性试验结果，也不满足规程要求，可见各绕组频率响应特性并非在运行过程中变差。且绕组频率响应特性试验灵敏度较高，不同时间地点和周围环境对试验结果有巨大影响，误差较大，因此不将本次频率响应特性试验结果作为评估的依据。

3. 变压器抗短路能力评估

该变电站共2台主变压器，其中，该主变压器于2006年5月生产，2006年9月投运。型号为SFPSZ9-120000/220，电压组合为220±8×1.25%/121/38.5/10.5kV，连接组别为YNyn0yn0+d11，容量组合为120000/120000/120000/36000kV·A，主变高压中性点采用直接接地的方式进行接地。

2台主变高压侧、中压侧均并列运行，低压侧分列运行。最大运行方式下该主变压器高压侧三相母线短路容量为2403.819MV·A。该主变压器高、中压绕组中性点接地方式均为直接接地，低压绕组中性点接地方式为经消弧线圈接地。

经计算，该主变压器最大运行方式下低压侧三相短路时的短路电流计算最大值为9.156kA。按照《电力变压器 第5部分：承受短路的能力》(GB/T 1094.5—2008) 中对变压器绕组抗短路能力评估的计算方法，得到变压器出口三相短路的计算最大短路电流为7.700kA。通常国内厂家承诺的绕组能承受的最大短路电流的最低裕度系数为1.8，可认为变压器低压侧绕组能够承受的短路电流限值为13.860kA，抗短路能力裕度系数为1.514，满足要求。计算结果见表9.11。

表 9.11　　低压绕组的短路电流与能够承受的短路电流限值比较结果

短路电流计算最大值/kA	变压器能够承受的短路电流限值/kA	裕度系数
9.156	13.860	1.514

表 9.11 中的裕度系数设定为主变绕组实际能承受最大电流与变压器安装地点的流过绕组的最大短路电流之比，与前述国内厂家承诺的短路电流裕度系数不同。裕度系数小于 1，代表变压器绕组抗短路能力不足。

综合以上所有评估分析，该主变压器可能存在过热风险，但高压、中压、低压以及平衡绕组未发现变形的情况，在目前的运行方式下绕组抗短路能力基本满足要求，具备长期稳定运行条件。

9.1.3　主变压器状态评估的建议

（1）经过综合评估，该主变压器当前的健康状况介于“正常状态”和“关注状态”之间。

（2）建议在风冷改造时彻底检查冷却系统（风扇、阀门、泵、散热器、冷却器、油保护系统等）、检查导线及分接开关连接，并确定是否存在无载分接开关接触不良的问题。建议查找是否存在引线及分接开关的连接以及铁芯环流、油路阻塞等问题。

（3）建议持续观察油色谱分析（尤其是总烃含量）和动态负载数据之间的关联关系。可使变压器在降低负载下运行一会儿，若气体含量稳定或逐渐减少表明与负载有关联。如果正相关，考虑通过降负荷降低风险。另外，也可以持续观察油色谱分析和油温数据之间的关联关系。

（4）该主变压器当前可以正常运维。

9.2　基于最大等效电容量的绕组辐向变形程度评估

9.2.1　实例 1

变压器型号为 SFSZ9－40000/110，电压组合为 110±8×1.25%/38.5/10.5kV，绕组主要设计参数见表 9.12。

表 9.12　　实例 1 变压器主要设计参数

参　数	低压绕组	中压绕组	高压绕组
内直径/mm	684	832	1030
外直径/mm	794	960	1165
几何高度/mm	775	775	760

应用 7.3 节所述计算方法，经计算可得

$$x_{高-中}=9.95\Delta Z_K \tag{9-1}$$

$$x_{高-低}=41.32\Delta Z_{K} \tag{9-2}$$

变压器短路前后低电压短路电抗测试结果见表9.13。

表9.13　低电压短路电抗测试结果

测试位置	ΔZ_{KA}	ΔZ_{KB}	ΔZ_{KC}	测试位置	ΔZ_{KA}	ΔZ_{KB}	ΔZ_{KC}
高-中	0.065	0.006	0.077	高-低	0.017	0.001	0.011

由表9.13可见，高压-中压绕组对的A相与C相短路电抗偏差均超出《电力变压器绕组变形的电抗法检测判断导则》（DL/T 1093—2018）规定的0.025的判断标准，高压-低压绕组对的短路电抗偏差均未超出0.025的判断标准，按式（9-1）的进行计算，中压绕组变形程度见表9.14，按式（9-2）进行计算，低压绕组变形程度见表9.15。

表9.14　中压绕组变形程度计算结果

相别	A	B	C
变形程度/%	64.5	6.4	76.5

表9.15　低压绕组变形程度计算结果

相别	A	B	C
变形程度/%	70.2	4.1	45.5

可见，按《电力变压器绕组变形的电抗法检测判断导则》（DL/T 1093—2018）规定的判断标准，高压-低压绕组对的短路阻抗测试结果未超出其规定的注意值要求。按作者提出的计算方法，低压绕组A相变形程度已达到其最大变形量70.2%，属于严重变形，低压绕组C相变形程度已达到其最大变形量的45.5%，属于显著变形。变压器返厂解体检修结果如图9.16～图9.19所示。

图9.16　A相中压绕组辐向变形

图9.17　C相中压绕组辐向变形

图 9.18　A相低压绕组辐向变形

图 9.19　C相低压绕组辐向变形

9.2.2　实例2

变压器型号为 SFSPZ9－150000/220，电压组合为 220±8×1.25%/121/38.5/10.5kV，容量组合为 150000/150000/75000/45000kV·A，绕组主要设计参数见表 9.16。

表 9.16　实例2变压器主要设计参数

参　数	低压绕组	高压绕组	参　数	低压绕组	高压绕组
内直径/mm	938	1446	几何高度/mm	1810	1810
外直径/mm	1016	1638			

同实例1，经计算可得：

$$x_{高-低}=27.65\Delta Z_K \tag{9-3}$$

变压器低电压短路电抗测试结果见表 9.17。

表 9.17　低电压短路电抗测试结果

测试位置	ΔZ_{KA}	ΔZ_{KB}	ΔZ_{KC}
高-低	0.023	0.026	0.024

按式（9－3）的计算结果，低压绕组变形程度见表 9.18。

表 9.18　低压绕组变形程度计算结果

相　别	A	B	C
变形程度/%	64.7	71.8	67.1

变压器返厂解体检修结果如图 9.20～图 9.22 所示。

图 9.20 低压 A 相辐向变形

图 9.21 低压 B 相辐向变形

图 9.22 低压 C 相辐向变形

参 考 文 献

[1] 郭红兵，杨玥，孟建英．电力变压器典型故障案例分析［M］．北京：中国水利水电出版社，2019.

[2] (苏)C.B. 瓦修京斯基．变压器的理论与计算［M］．崔立君，杜恩田，等，译．北京：机械工业出版社，1983.

[3] 崔立君．特种变压器理论与设计［M］．北京：科学技术文献出版社，1996.

[4] (俄)Г.Н. 比德洛夫．变压器（基础理论）［M］．李文海，译．沈阳：辽宁科学技术出版社，2015.

[5] (印度)S.V. 库卡尼，S.A. 科哈帕得．变压器工程：设计、技术与诊断［M］．陈玉国，译．2版．北京：机械工业出版社，2016.

[6] 刘传彝．电力变压器设计计算方法与实践［M］．沈阳：辽宁科学技术出版社，2002.

[7] 何仰赞，温增银．电力系统分析（上册）［M］．3版．武汉：华中科技大学出版社，2001.

[8] 路长柏．电力变压器绝缘技术［M］．哈尔滨：哈尔滨工业大学出版社，1997.

[9] 王宝珊．变压器设计手册［M］．沈阳：沈阳出版社，2009.

[10] 朱英浩，沈大中．有载分接开关电气机理［M］．北京：中国电力出版社，2012.

[11] 操敦奎．变压器油中溶解气体分析诊断与故障检查［M］．北京：中国电力出版社，2005.

[12] 胡启凡．变压器试验技术［M］．北京：中国电力出版社，2009.

[13] 孟建英，郭红兵，刘世欣，等．大型电力变压器绕组故障综合试验方法分析［J］．内蒙古电力技术，2010（3）：46-49.

[14] 孟建英，郭红兵．一起220kV变压器故障分析［J］．变压器，2012（2）：66-67.

[15] 郭红兵，孟建英，夏洪刚．220kV电力变压器损坏原因分析及对策［J］．内蒙古电力技术，2011（6）：21-23.

[16] 郭红兵，孟建英，姚树华，等．220kV电力变压器局部受潮问题的现场处理［J］．内蒙古电力技术，2013（3）：29-32.

[17] 杨玥，汪鹏，顾宇宏，等．利用绕组电容量及短路阻抗试验综合判定变压器绕组变形方法分析［J］．内蒙古电力技术，2016（6）：23-27.

[18] 仇明，裴玉龙．大型油浸变压器绝缘相关技术问题的探讨［J］．变压器，2016（5）：60-63.

[19] 郭红兵，孟建英，杨玥，等．110kV电力变压器绕组辐向变形状况与测试电容量关系分析与应用［J］．变压器，2020（4）：57-61.

[20] 孟建英，郭红兵，荀华．110kV电力变压器绕组辐向变形状况与短路电抗关系分析与应用［J］．变压器，2020（6）：9-13.

[21] 杨玥．基于故障风险的电力变压器高级评价系统应用研究［J］．内蒙古电力技术，2018（1）：21-26.

[22] 杨玥，郭红兵，康琪，等．一种全新的群组变压器健康状况通用评估方法［J］．内蒙古电力技术，2018（4）：24-28.

[23] 胡耀东，郭红兵，谢明佐．基于电容量-短路阻抗试验及工业内窥镜探视的变压器短路故障分析［J］．内蒙古电力技术，2018（6）：21-25.

[24] 国家电力调度通信中心．国家电网公司继电保护培训教材（上册）［M］．北京：中国电力出版社，2009.

[25] 中华人民共和国国家发展和改革委员会. 现场绝缘试验实施导则　介质损耗因素 $\tan\delta$ 试验：DL/T 474.3—2006 [S]. 北京：中国电力出版社，2006.
[26] 国家能源局. 电力变压器绕组变形的电抗法检测判断导则：DL/T 1093—2018 [S]. 北京：中国电力出版社，2018.
[27] 中华人民共和国国家质量监督检验检疫总局. 电力变压器　第5部分：承受短路的能力：GB 1094.5 [S]. 北京：中国标准出版社，2008.
[28] 中华人民共和国住房和城乡建设部，中华人民共和国国家质量监督检验检疫总局. 电气装置安装工程　电气设备交接试验标准：GB 50150—2016 [S] . 北京：中国计划出版社，2016.
[29] 王晓莺，等. 变压器故障与监测 [M]. 北京：机械工业出版社，2004.
[30] 董其国. 电力变压器故障与诊断 [M]. 北京：中国电力出版社，2001.
[31] 王宝珊. 变压器设计手册结构设计及工艺 [M]. 沈阳：沈阳出版社，1997.
[32] 中华人民共和国质量监督检验检疫总局，中国国家标准化管理委员会. 变压器油维护管理导则：GB/T 14542—2017 [S] . 北京：中国标准出版社，2017.